铁路职工食品安全知识读本

北京铁路局　编

中 国 铁 道 出 版 社

2 0 1 5 年·北　京

内 容 简 介

全书共分为十章，主要包括食品安全概述，食品经营单位卫生管理要求，铁路运营食品许可管理，硬件设施、设备卫生要求，食品安全操作卫生要求，清洁、消毒卫生要求，食品安全管理制度和台账记录，食品从业人员卫生要求，铁路餐车和高铁餐吧食品安全管理，食源性疾病及其预防等内容，并附有自测题及 9 个附录。本书结合铁路职工食堂、旅客列车餐车、动车配餐、预包装食品售卖等经营特点，全面阐述了保障食品安全的操作方法和基本要求，可作为食品安全培训用教材，亦可作为管理干部、职工的自学用书。

图书在版编目（CIP）数据

铁路职工食品安全知识读本/北京铁路局编．—北京：中国铁道出版社，2014.12（2015.9重印）

ISBN 978-7-113-19741-4

Ⅰ.①铁…　Ⅱ.①北…　Ⅲ.①食品安全—基本知识　Ⅳ.①TS201.6

中国版本图书馆 CIP 数据核字（2014）第 292817 号

书　　名:铁路职工食品安全知识读本
作　　者:北京铁路局　编

责任编辑:张　婕　　**编辑部电话:**路(021)73141　　**电子信箱:**crph_zj@163.com
封面设计:郑春鹏
责任校对:龚长江
责任印制:陆　宁　高春晓

出版发行:中国铁道出版社(100054,北京市西城区右安门西街 8 号)
网　　址:http://www.tdpress.com
印　　刷:三河市兴达印务有限公司
版　　次:2014 年 12 月第 1 版　2015 年 9 月第 2 次印刷
开　　本:880 mm×1 230 mm　1/32　印张:9.875　字数:250 千
书　　号:ISBN 978-7-113-19741-4
定　　价:21.00 元

编 委 会 名 单

前　言

食品安全和食源性疾病是全球面临的重要公共卫生问题。近年来，国际国内食品安全事件不断发生，不安全食品对健康危害越来越引起人们的关注。食品安全是铁路运输生产安全的重要内容，是保障职工旅客身体健康和生命安全的基础。为增强食品安全管理人员和从业人员食品安全知识水平，掌握保证食品安全、预防食物中毒的知识和技能，规范培训内容，提高培训质量和效果，确保食品安全，依据国家相关法律法规和中国铁路总公司相关文件要求，结合现场实际，我们组织编写了《铁路职工食品安全知识读本》一书。

全书共分为十章，主要包括食品安全概述，食品经营单位卫生管理要求，铁路运营食品许可管理，硬件设施、设备卫生要求，食品安全操作卫生要求，清洁、消毒卫生要求，食品安全管理制度和台账记录，食品从业人员卫生要求，铁路餐车和高铁餐吧食品安全管理，食源性疾病及其预防等内容。本书结合铁路职工食堂、旅客列车餐车、动车配餐、预包装食品售卖等经营特点，全面阐述了保障食品安全的操作方法和基本要求，可作为食品安全培训用教材，亦可作为管理干部、职工的自学用书。

本书由北京铁路局职工教育处和社会保险管理处组织编写。徐晓梅、靳庆义主编，张志京、孙煜、运乃芳、高俊杰等参加编写。全书经李聪、陈铮、邓洪、韩志强、刘松梅、范颖、卢玉川、石钧、孙学农、陆建楼、迟丹丽、顾建军、陈刚、冀占领、翟壹彪等集体审定。

书中不妥之处，敬请读者指正。

编　者

2014 年 12 月

目　录

食品安全概述

第一节 概　　述

一、食品安全与食品卫生的定义

（一）食品安全的定义

1996年，世界卫生组织国际食品法典委员会对食品安全的定义是："对食品按其原定用途进行制作和/或食用时，不会使消费者健康受到损害的一种担保"。食品安全可以用具体指标加以测定和评价，强调食品中不应含有可能损害或威胁人体健康的有毒、有害物质或因素，避免导致消费者患急性或慢性毒害感染疾病，或产生危及消费者及其后代健康的隐患。食品安全中所指的不含有毒、有害物质，是指不得检出某些有毒有害物质或检测值不得超过某一阈值。

我国2009年颁布的《中华人民共和国食品安全法》对食品安全的定义是：食品无毒、无害，符合应当有的营养要求，对人体健康不造成任何急性、亚急性或者慢性危害。此定义不仅规定了食品中不含有毒有害物质，而且还要求食品具有应当有的营养，即涵盖了食品营养安全的范围。可以看出，《中华人民共和国食品安全法》对食品安全提出了更高更严格的要求。

（二）食品卫生的定义

世界卫生组织国际食品法典委员会对食品卫生的定义是：为了确保食品安全性和食用性，在食物链的所有环节必须采取的一切条件和措施。该定义重点强调食品在加工、流通及消费等环节必须保持良好的洁净状态和卫生环境。

二、食品安全与食品卫生的区别

首先，食品安全是以食品卫生为基础，食品卫生是食品安全的最基本保障。在当前食品安全形势比较严峻的情况下，为了拓宽和强化食品生产经营范围及对食品安全的监管力度，我国在 2009 年 6 月 1 日颁布实施了新的《中华人民共和国食品安全法》，替代了 1995 年颁布的《中华人民共和国食品卫生法》。

其次，食品安全涉及的范围比较广泛，包括食品卫生、食品质量、食品营养等相关方面内容，食品安全包括食品（食物）的种植、养殖、加工、包装、贮藏、运输、销售、消费等环节的安全；而食品卫生的范围比食品安全稍窄一些，通常不包含种植、养殖环节的安全。

最后，两者的侧重点不同。食品安全既注重结果安全又重视过程安全；食品卫生虽然也包含结果和过程的安全，但更侧重于过程安全，尤其注重过程的污染控制及清洁消毒管理。

三、基本概念

1. 食品：指各种供人食用或者饮用的成品和原料以及按照传统既是食品又是药品的物品，但不包括以治疗为目的的物品。

2. 原料：指供加工制作食品所用的一切可食用或者饮用的物质和材料。

3. 半成品：指食品原料经初步或部分加工后，尚需进一步加工制作的食品或原料。

4. 成品：指经过加工制成的或待出售的可直接食用的食品。

5. 凉菜（包括冷菜、冷荤、熟食、卤味等）：指对经过烹制成熟、腌渍入味或仅经清洗切配等处理后的食品进行简单制作并装盘，一般无需加热即可食用的菜肴。

6. 生食海产品：指不经过加热处理即供食用的生长于海洋的鱼类、贝壳类、头足类等水产品。

7. 裱花蛋糕：指以粮、糖、油、蛋为主要原料经焙烤加工而成的糕点胚，在其表面裱以奶油等制成的食品。

8. 现榨饮料：指以新鲜水果、蔬菜及谷类、豆类等五谷杂粮为原料，通过压榨等方法现场制作的供消费者直接饮用的非定型包装果蔬汁、五谷杂粮等饮品，不包括采用浓浆、浓缩汁、果蔬粉调配而成的饮料。

9. 餐饮服务：指通过即时制作加工、商业销售和服务性劳动等，向消费者提供食品和消费场所及设施的服务活动。

10. 餐饮服务提供者：指从事餐饮服务的单位和个人。

11. 餐馆（含酒家、酒楼、酒店、饭庄等）：指以饭菜（包括中餐、西餐、日餐、韩餐等）为主要经营项目的提供者，包括火锅店、烧烤店等。

（1）特大型餐馆：指加工经营场所使用面积在 3 000 m^2 以上（不含 3 000 m^2），或者就餐座位数在 1 000 座以上（不含 1 000 座）的餐馆。

（2）大型餐馆：指加工经营场所使用面积在 500～3 000 m^2（不含 500 m^2，含 3 000 m^2），或者就餐座位数在 250～1 000 座（不含 250 座，含 1 000 座）的餐馆。

（3）中型餐馆：指加工经营场所使用面积在 150～500 m^2（不含 150 m^2，含 500 m^2），或者就餐座位数在 75～250 座（不含 75 座，含 250 座）的餐馆。

（4）小型餐馆：指加工经营场所使用面积在 150 m^2 以下（含 150 m^2），或者就餐座位数在 75 座以下（含 75 座）的餐馆。

12. 快餐店：指以集中加工配送、当场分餐食用并快速提供就餐服务为主要加工供应形式的提供者。

13. 小吃店：指以点心、小吃为主要经营项目的提供者。

14. 饮品店：指以供应酒类、咖啡、茶水或者饮料为主的提供者。

15. 甜品站：指餐饮服务提供者在其餐饮主店经营场所内或附近开设，具有固定经营场所，直接销售或经简单加工制作后销售由餐饮主店配送的以冰激凌、饮料、甜品为主的食品的附属店面。

16. 食堂：指设于机关、学校（含托幼机构）、企事业单位、建筑工地等地点（场所），供应内部职工或学生等就餐的提供者。

17. 集体用餐配送单位：指根据集体服务对象订购要求，集中加工、分送食品但不提供就餐场所的提供者。

18. 中央厨房：指由餐饮连锁企业建立的，具有独立场所及设施设备，集中完成食品成品或半成品加工制作，并直接配送给餐饮服务单位的提供者。

19. 加工经营场所：指与食品制作供应直接或间接相关的场所，包括食品处理区、非食品处理区和就餐场所。

（1）食品处理区：指食品的粗加工、切配、烹饪和备餐场所、专间、食品库房、餐用具清洗消毒和保洁场所等区域，分为清洁操作区、准清洁操作区、一般操作区。

①清洁操作区：指为防止食品被环境污染，清洁要求较高的操作场所，包括专间、备餐场所。

②准清洁操作区：指清洁要求次于清洁操作区的操作场所，包括烹饪场所、餐用具保洁场所。

③一般操作区：指其他处理食品和餐用具的场所，包括粗加工场所、切配场所、餐用具清洗消毒场所和食品库房等。

（2）非食品处理区：指办公室、更衣场所、门厅、大堂休息厅、歌舞台、非食品库房、卫生间等非直接处理食品的区域。

（3）就餐场所：指供消费者就餐的场所，但不包括供就餐者专用的卫生间、门厅、大堂休息厅、歌舞台等辅助就餐的场所。

20. 专间：指处理或短时间存放直接入口食品的专用操作间，包

括凉菜间、裱花间、备餐间、分装间等。

21. 备餐场所：指成品的整理、分装、分发、暂时放置的专用场所。

22. 烹饪场所：指对经过粗加工、切配的原料或半成品进行煎、炒、炸、焖、煮、烤、烘、蒸及其他热加工处理的操作场所。

23. 餐用具保洁场所：指对经清洗消毒后的餐饮具和接触直接入口食品的工具、容器进行存放并保持清洁的场所。

24. 粗加工场所：指对食品原料进行挑拣、整理、解冻、清洗、剔除不可食用部分等加工处理的操作场所。

25. 切配场所：指把经过粗加工的食品进行清洗、切割、称量、拼配等加工处理成为半成品的操作场所。

26. 餐用具清洗消毒场所：指对餐饮具和接触直接入口食品的工具、容器进行清洗、消毒的操作场所。

27. 中心温度：指块状或有容器存放的液态食品或食品原料的中心部位的温度。

28. 冷藏：指将食品或原料置于冰点以上较低温度条件下贮存的过程，冷藏温度的范围应在0 ℃～10 ℃之间。

29. 冷冻：指将食品或原料置于冰点温度以下，以保持冰冻状态贮存的过程，冷冻温度的范围应在－20 ℃～－1 ℃之间。

30. 清洗：指利用清水清除原料夹带的杂质和原料、餐用具、设备和设施等表面的污物的操作过程。

31. 消毒：用物理或化学方法破坏、钝化或除去有害微生物的操作过程。

32. 交叉污染：指食品、食品加工者、食品加工环境、工具、容器、设备、设施之间生物或化学的污染物相互转移的过程。包括：

（1）食品交叉污染：食品原料或半成品与直接入口食品之间直接接触，使食品原料或半成品上的致病微生物（细菌、寄生虫等）转移到直接入口食品。

（2）从业人员操作不当引起的交叉污染：从业人员接触食品原料或半成品后，未消毒双手即加工直接入口食品，使原料或半成品上的致病微生物通过人员手部污染直接入口食品。

（3）容器、工用具或环境引起的交叉污染：接触过食品原料或半成品的容器、工用具或操作台，未经消毒即盛装或操作直接入口食品，使原料或半成品上的致病微生物通过容器或环境污染直接入口食品。

33. 从业人员：指餐饮服务提供者中从事食品采购、保存、加工、供餐服务以及食品安全管理等工作的人员。

34. 自助餐：指集中加工制作后放置于就餐场所，供就餐者自行选择使用的餐饮食品。

35. 食品生产经营：指一切食品的生产（不包括种植业和养殖业）、采集、收购、加工、储存、运输、陈列、供应、销售等活动。

36. 食品生产经营者：指一切从事食品生产经营的单位或者个人，包括职工食堂、食品摊贩等。

37. 食品经营：包括食品流通和餐饮服务。

38. 预包装食品：预先定量包装或者制作在包装材料和容器中的食品。

39. 散装食品：指无预包装的食品、食品原料及加工半成品，但不包括新鲜果蔬，以及需清洗后加工的原粮、鲜冻畜禽产品和水产品等。

40. 食品添加剂：指为改善食品品质和色、香、味以及为防腐、保鲜和加工工艺的需要而加入食品中的人工合成或者天然物质。

41. 营养强化剂：指为增强营养成分而加入食品中的天然的或者人工合成的属于天然营养素范围的食品添加剂。

42. 用于食品的包装材料和容器：指包装、盛放食品或者食品添加剂用的纸、竹、木、金属、搪瓷、陶瓷、塑料、橡胶、天然纤维、化学纤维、玻璃等制品和直接接触食品或者食品添加剂的涂料。

43. 用于食品生产经营的工具、设备：指在食品或者食品添加剂生产、流通、使用过程中直接接触食品或者食品添加剂的机械、管道、传送带、容器、用具、餐具等。

44. 用于食品的洗涤剂、消毒剂：指的是直接用于洗涤或者消毒食品、餐饮具以及直接接触食品的工具、设备或者食品包装材料和容器的物质。

45. 保质期：指的是预包装食品在标签指明的储存条件下保持品质的期限。

46. 生产日期：指的是生产者生产的成品经过检验的日期，它是产品的产出日期。

47. 食源性疾病：食源性疾病指食品中致病因素进入人体引起的感染性、中毒性等疾病。

48. 食物中毒：食物中毒指食用了被有毒、有害物质污染的食品或者食用了含有毒有害物质的食品后出现的急性、亚急性疾病。

49. 餐饮服务提供者的业态：指各种餐饮服务经营形态，包括餐馆、快餐店、小吃店、饮品店、食堂等。

50. 健康相关产品的范围：包括《中华人民共和国食品安全法》、《中华人民共和国传染病防治法》、《化妆品卫生监督条例》及《国务院对确需保留的行政审批项目设立行政许可的决定》中规定由卫生部许可的食品、消毒剂、消毒器械、化妆品、涉及饮用水卫生安全产品等与人体健康相关的产品。

51. 一次性使用卫生用品：指使用一次后即丢弃的、与人体直接或间接接触的、并为达到人体生理卫生或卫生保健（抗菌或抑菌）目的而使用的各种日常生活用品。

52. 重大活动：省级以上人民政府要求卫生行政部门对具有特定规模的政治、经济、文化、体育及其他重大社会活动（以下简称重大活动）实施专项食品卫生监督工作。

53. 绿色食品：指遵循可持续发展原则，按照特定生产方式生产，经专门机构认定，许可使用绿色食品标志的无污染的安全、优质、营养类食品。绿色食品分为A级和AA级两种。A级标志为绿底白字，AA级标志为白底绿字。

54. 无公害食品：指产地环境、生产过程、产品质量符合国家有关标准和规范的要求，经认证合格获得认证证书并允许使用无公害农产品标志的未加工或初加工的食用农产品。

无公害农产品标志是由农业部和国家认证认可监督管理委员会联合制定并发布、加施于经农业部农产品质量安全中心认证的产品及其包装上的证明性标识。

55. 有机食品：是来自于有机农业生产体系，根据有机食品认证标准生产、加工，并经具有资质的独立的认证机构认证的一切农副产品。

目前经认证的有机食品主要包括有机农作物产品（例如粮食、水果、蔬菜等）、有机茶叶产品、有机食用菌产品、有机畜禽产品、有机水产品、有机蜂产品、采集的野生产品以及用上述产品为原料的加工产品。国内市场销售的有机食品主要是蔬菜、大米、茶叶、蜂蜜等。

有机农业生产体系是指遵照一定的有机农业生产标准，在生产中不采用基因工程获得的生物及其产物，不适用化学合成的农药、化肥、生长调节剂、饲料添加剂等物质，遵循自然规律和生态学原理，协调种植业和养殖业的平衡，采用一系列可持续发展的农业技术以及维持持续稳定的农业生产体系的一种农业生产方式。有机食品证书有效期为一年。

第二节　国内外食品安全卫生的主要问题

不同国家以及不同时期，食品安全所面临的问题和治理方式有所不同。在发达国家，食品安全所关注的主要是科学技术发展和现

代技术应用所开发的新品种、新技术，以及全球经济一体化所带来的副作用和生态平衡遭到破坏等问题，如二恶英事件、疯牛病事件、转基因食品对人类健康的影响等；在发展中国家，食品安全既包括新品种、新技术等科技发展所引发的问题，更主要是食品产业发展过程中的法规标准不健全、监管不力及效率较低、生产加工过程未建立有效的质量安全控制管理体系、甚至违规违法进行食品生产与经营等方面所导致的问题。如食源性细菌和病毒引起的食物中毒、农药兽药残留超标和假冒伪劣食品引起的化学性食品中毒等事件。

在近几年，由于频繁发生一些影响较大的食品安全事件，不仅严重危害了广大消费者的身心健康和生命安全，引起了相当程度的对食品安全的不信任感，也给食品工业和相关产业的持续发展带来严重的负面影响。食品安全问题涉及从种植、养殖阶段的食品源头到食品流通和消费的整个食品链的所有相关环节，常见发生的主要食品安全卫生问题如下：

一、微生物污染问题

微生物污染是影响食品安全和卫生的最主要因素。随着社会分工的不断细化，食品从原料生产到加工成产品、再到消费的环节增多，食品在生产、加工、包装、运输、贮藏和消费等过程中被细菌、真菌等污染的机会也随之增加。在我国食品安全卫生问题中，由致病菌造成的食物中毒的食源性疾病事故占绝大多数。

二、农业种植业和养殖业的源头污染问题

在农业种植和养殖过程中，对食物原料的污染主要来自农药、兽药（抗生素、激素）、饲料添加剂的滥用和残留以及违规使用化肥等。我国每年大量、超量或不合理地施用化肥于农作物上，使化肥在土壤中的残留量越来越大，增加了蔬菜等植物性食品中硝酸盐的含量。为预防和治疗家畜、家禽、鱼类等的疾病，促进生长，大量

投入抗生素、磺胺类和激素等药物，造成了动物源食品中的兽药残留。另外，现代生物新技术、基因工程技术（基因微生物、基因农产品、基因动物）的应用也给食品安全带来新的挑战。

三、环境污染物问题

环境污染物包括无机污染物和有机污染物。环境中的污染物主要通过食物链进入人体而导致健康损害。无机污染物（如铅、镉、汞、砷、铜等重金属及一些放射性物质）主要来自原料产地的地质影响，其根源是工业、采矿、能源、交通、城市排污、农业生产等带来的。有机污染物中的二恶英、多环芳烃、多氯联苯等化工物质，这些物质具有在环境和食物链中富集、毒性强等特点，对食品安全性威胁极大。

四、食品加工、包装和贮运过程中的污染问题

食品加工、包装和贮藏过程中的污染问题主要体现在：食品在加工或烹饪过程中因高温而产生的如多环芳烃、生物胺等毒害物质，油炸淀粉类食品产生的丙烯酰胺，加工及原辅材料不当而导致反式脂肪酸含量增加等问题；食品加工过程中使用的金属、塑料、橡胶等管道，以及各种容器及包装材料可能引入的有毒有害物质；陶瓷器皿表面的釉料中所含的铅、镉、锑等盐溶入酸性食品中；荧光增白剂处理的包装纸上残留有毒的胺类化合物易污染食品；不锈钢器皿存放酸性食品时间较长渗出的镍、铬等污染食物。在食品生产加工领域还存在超量使用、滥用食品添加剂和非法添加物造成的食品安全问题；生产加工企业未能严格按照工艺要求操作，致病微生物杀灭不完全，导致食品残留病原微生物或在生产、贮藏过程中发生微生物腐败而造成的食品安全卫生问题；应用新原料、新技术、新工艺所带来的食品安全卫生问题。食品贮运过程中由于仓储条件、运输工具达不到卫生标准，致使在贮运环节受到二次污染，甚至发

生腐败变质，从而引发新的食品安全卫生问题。餐饮消费环节存在着食品卫生条件较差、安全卫生防控措施不到位、经营者缺乏食品安全卫生知识、对采购的食品原料把关不严等问题，每年因餐饮卫生不良而导致的食品安全事件总在发生。

五、食品企业违法生产加工食品污染问题

食品制造者为了降低生产成本、谋取超额利润，往往使用劣质原材料甚至使用非食品原辅材料加工制造食品，对食品安全构成极大威胁，如使用病死畜禽肉、过期产品、发霉变质原料等。食品企业违法经营已经成为当今中国的一种社会公害，是影响极坏的食品安全事件。如阜阳劣质奶粉事件、苏丹红事件、三聚氰胺奶事件、地沟油事件等。

第三节 食品安全卫生法律法规与标准概述和监管现状

一、我国食品安全法律法规与标准体系

（一）食品安全法律法规体系

目前，我国已建立了一套完整的食品安全法律法规体系，为确保食品安全、提升质量水平、规范进出口食品贸易秩序提供了良好的环境和坚实的保障。

有关食品安全卫生方面的法律包括《中华人民共和国食品安全法》（以下简称《食品安全法》）、《中华人民共和国产品质量法》、《中华人民共和国农产品质量安全法》、《中华人民共和国标准化法》、《中华人民共和国计量法》、《中华人民共和国消费者权益保护法》、《中华人民共和国进出口商品检验法》、《中华人民共和国进出境动植物检疫法》和《中华人民共和国动物防疫法》等。

新颁布的《食品安全法》于 2009 年 6 月 1 日起正式实施，同时原有《食品卫生法》废止。《食品安全法》对食品安全监管体制、食

品安全标准、食品安全风险监测和评估、食品生产经营、食品安全事故处置等各项制度进行了补充和完善。该法对质监部门的食品安全监管作出了多项重要规定，比如：严格监控食品生产加工环节，管好食品源头，严控生产许可；食品安全监督管理部门对食品不得实施免检；进一步明确工商部门的法定职责，落实企业责任，强化政府监管，重大事故问责，事故发生及时报告，以及启动风险评估和实施召回等详细规定。

《食品安全法》的颁布实施是我国食品产业的一件大事。对规范食品生产经营活动，增强食品安全监管工作的规范性、科学性、有效性，全方位构筑食品安全法律屏障，提高我国食品安全整体水平，切实保证食品安全，保障公众身体健康和生命安全，防范食品安全事故发生，促进经济社会和谐发展，具有重要意义。《食品安全法》的颁布实施标志着我国的食品安全工作进入了新阶段，为我国进一步加强食品安全监管奠定了坚实的法律基础。

有关食品安全卫生方面的行政法规包括：《中华人民共和国食品安全法实施条例》、《国务院关于加强食品等产品安全监督管理的特别规定》、《中华人民共和国工业产品生产许可证管理条例》、《中华人民共和国认证认可条例》、《中华人民共和国进出口商品检验法实施条例》、《中华人民共和国进出境动植物检疫法实施条例》、《中华人民共和国兽药管理条例》、《中华人民共和国农药管理条例》、《中华人民共和国出口货物原产地规则》、《中华人民共和国标准化法实施条例》、《无照经营查处取缔办法》、《饲料和饲料添加剂管理条例》和《农业转基因生物安全管理条例》等。

此外，部门规章有《食品生产加工企业质量安全监督管理实施细则（试行）》、《中华人民共和国工业产品生产许可证管理条例实施办法》、《食品添加剂卫生管理办法》、《餐饮业食品卫生管理办法》、《进出境肉类产品检验检疫管理办法》、《进出境水产品检验检疫管理办法》、《流通领域食品安全管理办法》、《农产品产地安全管理办

法》、《农产品包装和标识管理办法》和《出口食品生产企业卫生注册登记管理规定》等。

（二）食品安全标准体系

食品安全标准是指为了对食品生产、加工、流通和消费（“从农田到餐桌”）食品链全过程中影响食品安全和卫生的各种要素以及各关键环节进行控制和管理，经协商制定并由公认机构批准，共同使用和重复使用的一种规范性文件。食品安全标准皆为强制性标准，包括食品安全国家标准、食品安全地方标准和食品安全企业标准三类。

1. 食品安全卫生标准体系存在的主要问题

我国现行食品标准虽由国家标准委统一发布，但标准起草部门较多，加上各种食品标准不够协调，各标准之间不统一。比如，行业标准与国家标准之间存在层次不清、交叉、矛盾和重复等不协调问题。如果同一产品有几个标准，并且检验方法不同、含量限度不同，不仅给实际操作带来困难，而且也无法适应目前食品的生产及市场监管需要。又如，国家质检总局颁布了有关农产品安全质量的国家标准，而农业部也颁布了无公害蔬菜、畜禽产品、水产品的生产标准、生产技术规程、使用标准等部颁标准。

目前，仍然存在部分标准短缺和更新不及时问题。标准中某些技术要求特别是与食品安全有关的农药残留、抗生素限量等指标设置不够完整甚至未作规定。比如，畜禽肉类产品虽已有从品种选育、饲养管理、疾病防治到生产加工、分等分级等多项标准来规范动物的生产管理，但在产地环境、兽药使用、饲料及饲料添加剂使用等关键环节上却很薄弱，还存在标准复审和修订不及时的问题。《标准化法实施条例》规定，标准复审周期一般不超过五年。但由于我国食品产品的行业标准多年采用各部委分别制定方式，难以真正实现统一规划、制定、审查、更新及发布，使标准更新周期较长、制定修订不及时等现象较为普遍。

此外，还存在标准意识淡薄、标准实施不到位等问题。在食品的产销环节中，为了地区、局部或少数人的利益，不执行相关标准，随意更改标准要求的现象时有发生，致使伪劣产品进入市场危及人们的身体健康。比如，有些企业明知其生产的食品已有国家或行业标准，但由于原辅材料质量卫生较差或自身生产水平较低等原因，产品质量达不到标准的要求，因而采取降低要求或取消不合格项目的办法，重新制定企业标准登记备案，实质上是降低了产品标准，这不符合《标准化法》中关于企业标准制定的有关条款规定。

2. 食品安全卫生标准体系建设正逐步规范

虽然我国食品安全卫生标准仍然存在诸多不足或问题，要实现与国际标准的完全接轨尚有一定差距，但在标准体系建设方面正不断取得进展，尤其在《食品安全法》颁布以后，新标准的建设和标准体系的整合正在积极推进。为解决食品安全标准之间存在的交叉重复、层次不清等问题，《食品安全法》对食品安全标准的制定原则、食品安全标准的强制，以及食品安全标准的内容、食品安全国家标准的制定和公布主体、整合现行食品强制性标准为食品安全国家标准、审查和制定食品安全国家标准、食品安全地方标准、食品安全企业标准、免费查阅食品安全标准等内容作了具体规定，这将有助于避免标准交叉和重复的问题。

食品安全国家标准由国务院卫生行政部门负责制定、公布，并对现行的食用农产品质量安全标准、食品卫生标准、食品质量标准和有关食品的行业标准中强制执行的标准予以整合，统一公布为食品安全国家标准。有关产品标准涉及食品安全国家标准规定内容的，应当与食品安全国家标准相一致。没有食品安全国家标准的，可以制定食品安全地方标准。省、自治区、直辖市人民政府卫生行政部门组织制定食品安全地方标准，应参照执行有关食品安全国家标准的规定，并报国务院卫生行政部门备案。企业生产的食品没有国家标准或者地方标准的，应当制定企业标准，作为组织生产的依据。

企业标准应报省级卫生行政部门备案，在本企业内部适用。

二、我国食品安全卫生监管状况

为保障食品安全，我国各级政府强化了全程监管的理念，坚持预防为主、源头治理的工作思路，形成了“全国统一领导，地方政府负责，部门指导协调，各方联合行动”的监管工作格局。《食品安全法》颁布以后，进一步明确了实行分段监管的各部门的具体职责，设立了食品安全委员会来指导食品安全监管工作，加强了地方政府及其有关部门的监管职责，加大了责任追究的力度。我国在食品安全卫生方面的监管主要从以下方面开展工作。

（一）继续加强农产品质量安全工作

2001 年，我国启动实施了“无公害食品行动计划”。这项计划在保证农产品安全方面一直发挥重要作用并将继续执行。其主要监管内容包括：工作以蔬菜中高毒农药残留和畜产品中“瘦肉精”等化学投入品污染控制为重点，着力解决人民最为关心的高毒农药、兽药违规使用和残留超标问题；以农业投入品、农产品生产、市场准入三个环节管理为关键点，推动从农田到市场的全程监控管理，建立全过程、无缝隙、统一监管体系。

（二）继续实施食品质量安全市场准入制度

我国政府于 2001 年建立了食品质量安全市场准入制度，至今继续执行并完善此项制度。这项制度主要包括三项内容：一是生产许可制度，即要求食品生产加工企业具备原材料进厂把关、生产设备、工艺流程、产品标准、检验设备与能力、环境条件、质量管理、贮存运输、包装标识、生产人员等保证食品质量安全的必备条件，取得食品生产许可证后，方可生产销售食品；二是强制检验制度，即要求企业履行食品必须经检验合格方能出厂销售的法律义务；三是市场准入标志制度，即要求企业对合格食品加贴 QS（生产许可）标志，对食品质量安全进行承诺。迄今，获证企业食品的市场占有率达到同类食品的90%以上。根据食品生产企业取得生产许可证的进度，国家质检总局分批公布了获证产品的生产企业名单，分期公告了未获证企业产品和无QS标志食品不得进入市场销售，警示消费者不要使用。

（三）增加食品安全卫生抽查检验频度

我国政府对食品实行以抽查为主要方式的监督检查制度。这项制度自1985年建立以来，不断加大力度，对食品中的致病微生物、添加剂、重金属等容易超标的安全卫生指标进行了重点检验，并通过加大抽查频次，扩大抽查覆盖面，不断提高食品的安全卫生水平。

（四）加大餐饮消费环节的食品安全卫生监管力度

餐饮卫生是食品安全的重要环节。我国政府在餐饮业卫生监管方面所做的主要工作包括四项内容：一是加大对餐饮卫生的监管力度，制定并落实《餐饮服务食品安全操作规范》，实施食品卫生监督量化分级管理制度，加强餐饮环节监管。二是推进餐饮业、食堂全面实施食品卫生监督量化分级管理制度，完善和加强食品污染物监测和食源性疾病监测体系建设。三是加大对违法犯罪行为的打击力度，查处大案要案，并及时向社会通报。四是加强学校卫生工作，部署开展全国学校食品卫生、饮用水卫生、传染病防治专项检查工作，预防食物中毒和肠道传染病。五是开展食品危险性评估，科学发布食品安全预警和评估信息。

（五）不定期开展食品质量安全专项整治行动

为解决一些地区、一些行业的假冒伪劣问题，开展了多次食品质量安全整治行动。围绕确定的重点区域、重点加工点、重点加工行业，突出生产加工源头，部署开展专项执法打假行动，严厉打击使用非食品原料生产加工食品和滥用食品添加剂的违法行为，在一定程度上遏制制售假冒伪劣食品问题。

（六）逐步建设风险预警和应急反应机制

初步建立了全国食品安全风险快速预警与快速反应系统，积极开展食品生产加工、流通、消费环节风险监控，通过动态收集和分析食品安全信息，初步实现了对食品安全问题的早发现、早预警、早控制和早处理。建立了一套快速反应机制，包括风险信息的收集、分析、预警和快速反应。

（七）实施食品召回制度

这项制度分为主动召回和责令召回两种形式，规定食品生产加工企业是食品召回的责任主体，要求食品生产者如果确认其生产的食品存在安全危害，应当立即停止生产和销售，主动实施召回；对于故意隐瞒食品安全危害、不履行召回义务或生产者过错造成食品安全危害扩大或再度发生的，将责令生产者召回产品。

虽然我国食品安全卫生监管工作取得了一定成效，但食品安全问题仍十分严峻，主要体现在生产加工中以非食品原料或发霉变质原料加工食品、不按标准生产食品、滥用添加剂掺杂使假、偷工减料、以假充真等违法行为。只有通过建立健全食品安全监管体系和制度，全面加强食品安全标准体系建设，对食品实行严格的安全卫生监管，中国食品安全状况才会不断改善，食品生产经营秩序也才会得到全面好转。

第二章 食品经营单位卫生管理要求

食品安全管理工作是否得到真正落实，首先取决于单位的领导层是否真正重视和认识到这一工作的重要性。有些单位的食品安全工作只在口头上十分重视，但在与单位的经济利益发生冲突时，受到忽视的往往是食品安全。

第一节 《食品安全法》赋予食品生产经营者的责任

1. 食品生产经营者应当依照法律、法规和食品安全标准从事生产经营活动，对社会和公众负责，保证食品安全，接受社会监督，承担社会责任。

2. 国家对食品生产经营实行许可制度。从事食品生产、食品流通、餐饮服务，应当依法取得食品生产许可、食品流通许可、餐饮服务许可。

3. 食品生产经营企业应当建立健全本单位的食品安全管理制度，加强对职工食品安全知识的培训，配备专职或者兼职食品安全管理人员，做好对所生产经营食品的检验工作，依法从事食品生产经营活动。

4. 食品生产经营者应当建立并执行从业人员健康管理制度。患有痢疾、伤寒、病毒性肝炎等消化道传染病的人员，以及患有活动性肺结核、化脓性或者渗出性皮肤病等有碍食品安全的疾病的人员，不得从事接触直接入口食品的工作。

食品生产经营人员每年应当进行健康检查，取得健康证明后方可参加工作。

5. 食品生产者采购食品原料、食品添加剂、食品相关产品，应当查验供货者的许可证和产品合格证明文件；对无法提供合格证明文件的食品原料，应当依照食品安全标准进行检验；不得采购或者使用不符合食品安全标准的食品原料、食品添加剂、食品相关产品。

6. 食品生产企业应当建立食品原料、食品添加剂、食品相关产品进货查验记录制度，如实记录食品原料、食品添加剂、食品相关产品的名称、规格、数量、供货者名称及联系方式、进货日期等内容。

7. 食品原料、食品添加剂、食品相关产品进货查验记录应当真实，保存期限不得少于2年。食品生产企业应当建立食品出厂检验记录制度，查验出厂食品的检验合格证和安全状况，并如实记录食品的名称、规格、数量、生产日期、生产批号、检验合格证号、购货者名称及联系方式、销售日期等内容。

食品出厂检验记录应当真实，保存期限不得少于2年。

8. 食品经营者采购食品，应当查验供货者的许可证和食品合格的证明文件。

9. 食品经营企业应当建立食品进货查验记录制度，如实记录食品的名称、规格、数量、生产批号、保质期、供货者名称及联系方式、进货日期等内容。

食品进货查验记录应当真实，保存期限不得少于2年。

10. 实行统一配送经营方式的食品经营企业，可以由企业总部统一查验供货者的许可证和食品合格的证明文件，进行食品进货查验记录。

11. 食品经营者应当按照保证食品安全的要求贮存食品，定期检查库存食品，及时清理变质或者超过保质期的食品。

12. 食品经营者贮存散装食品，应当在贮存位置标明食品的名称、生产日期、保质期、生产者名称及联系方式等内容。食品经营者销售散装食品，应当在散装食品的容器、外包装上标明食品的名称、生产日期、保质期、生产经营者名称及联系方式等内容。

13. 食品生产者应当依照食品安全标准关于食品添加剂的品种、使用范围、用量的规定使用食品添加剂；不得在食品生产中使用食品添加剂以外的化学物质和其他可能危害人体健康的物质。

14. 食品经营者应当按照食品标签标示的警示标志、警示说明或者注意事项的要求，销售预包装食品。

15. 集中交易市场的开办者、柜台出租者和展销会举办者，应当审查入场食品经营者的许可证，明确入场食品经营者的食品安全管理责任，定期对入场食品经营者的经营环境和条件进行检查，发现食品经营者有违反《食品安全法》法规定的行为的，应当及时制止并立即报告所在地县级工商行政管理部门或者食品药品监督管理部门。

16. 集中交易市场的开办者、柜台出租者和展销会举办者未履行前款规定义务，本市场发生食品安全事故的，应当承担连带责任。

17. 国家建立食品召回制度。食品生产者发现其生产的食品不符合食品安全标准，应当立即停止生产，召回已经上市销售的食品，通知相关生产经营者和消费者，并记录召回和通知情况。

18. 食品经营者发现其经营的食品不符合食品安全标准，应当立即停止经营，通知相关生产经营者和消费者，并记录停止经营和通知情况。食品生产者认为应当召回的，应当立即召回。

19. 食品生产者应当对召回的食品采取补救、无害化处理、销毁等措施，并将食品召回和处理情况向县级以上质量监督部门报告。

食品生产经营者未依照本条规定召回或者停止经营不符合食品安全标准的食品的，县级以上质量监督、工商行政管理、食品药品监督管理部门可以责令其召回或者停止经营。

20. 食品生产经营企业可以自行对所生产的食品进行检验，也可

以委托符合本法规定的食品检验机构进行检验。

21. 食品生产经营企业应当制定食品安全事故处置方案，定期检查本企业各项食品安全防范措施的落实情况，及时消除食品安全事故隐患。

22. 发生食品安全事故的单位应当立即予以处置，防止事故扩大。事故发生单位应当及时向上级报告。任何单位或者个人不得对食品安全事故隐瞒、谎报、缓报，不得毁灭有关证据。

第二节　食品经营单位食品安全管理职责

（关于印发《北京铁路局各级食品安全管理机构职责规定》的通知）

各单位作为食品安全管理的第一责任人，具体承担食品安全日常管理工作。具体职责是：

1. 建立健全食品安全管理制度，配备专职或者兼职食品安全管理人员，加强对从业人员食品安全知识的培训，做好对所生产经营食品的检验工作。

2. 依照法律、法规和食品安全标准从事食品生产经营活动，保证食品安全，接受食品安全监管办的监督，对职工和旅客负责。

3. 建立并执行从业人员健康管理制度。每年组织食品从业人员进行健康检查。

4. 建立食品原料、食品添加剂、食品相关产品采购索证索票记录和进货查验记录制度。

5. 严格落实《铁路餐饮服务和食品流通许可管理办法》的有关要求，按照规定时限和提交的材料向铁路卫生监督所提出餐饮服务或食品流通许可申请。严格遵守食品安全法规和铁路运营食品安全管理要求，在经营环境、设施设备、制度管理和经营过程等方面达到许可条件。

6. 建立健全食品安全事故应急预案。协助、配合食品安全监管办做好食品安全事故的调查处理，落实卫生行政控制措施。

7. 铁路配餐单位符合良好生产卫生规范要求，建立、实施危害分析与关键控制点体系，提高食品安全管理水平。

第三节　食品安全管理组织机构和人员

一、建立食品安全管理机构要求和人员要求

食品安全管理机构和人员是企业内各项食品安全管理工作的具体实施者，建立机构和人员的要求包括：

1. 食品安全管理机构在大型餐饮单位可以是企业内的专门部门，中小型单位也可以是一个构建在各相关部门（如原料采购、厨房加工和餐厅服务等）基础上的管理组织，由组织中的成员共同行使管理职责。

2. 如设专门的食品安全管理部门，该部门最好是受企业领导层直接管理，并有直接对企业领导进行汇报的权力，使食品安全管理能够尽量少地受到其他部门的影响，更好地发挥企业内部管理的作用。

3. 食品安全管理人员分为专职和兼职，专职食品安全管理人员不得由企业内的加工经营环节的工作人员兼任，这是为使管理人员能够站在没有利益关系的立场进行管理。

4. 食品安全管理人员应具备高中以上学历，有从事食品安全管理工作的经验，参加过食品安全培训并经考核合格，身体健康并具有从业人员健康合格证明。

5. 食品安全管理人员除了掌握各种食品安全管理的知识外，还应具备敢于管理、善于交流的素质，使食品安全控制措施真正落到实处。

6. 在任何有食品加工操作的时间里，都应有食品安全管理人员在场。

二、食品安全管理人员职责

1. 建立健全食品安全管理制度。

2. 明确食品安全责任。

3. 落实岗位责任制。

4. 组织从业人员进行食品安全法律和知识培训。

5. 制定食品安全管理制度及岗位责任制度，并对执行情况进行督促检查。

6. 检查食品加工经营过程的安全状况并记录，对检查中发现的不符合安全要求的行为及时制止并提出处理意见。

7. 对食品安全检验工作进行管理。

8. 食品、食品添加剂、食品相关产品采购索证索票、进货查验和采购记录管理。

9. 食品加工场所环境卫生管理。

10. 食品加工制作设施设备清洗消毒管理。

11. 组织从业人员进行健康检查，及时调离患有有碍食品安全疾病和病症的人员。

12. 建立食品安全管理档案。

13. 接受和配合监管部门对本单位的食品安全进行监督检查，并如实提供有关情况。

14. 组织制订食品安全事故处置方案，定期检查食品安全防范措施的落实情况，及时消除食品安全事故隐患

15. 开展与保证食品安全有关的其他管理工作。

铁路运营食品许可管理

铁路运营食品经营活动包括国家、地方和合资铁路，以及铁路专用线、专用铁路、临管线和铁路多种经营企业。

铁路站车范围指铁路车站主体站房前风雨棚以内、候车室、站台等站内区域和铁路客货运列车。

铁路运营站段范围指与运输有关的机务、车务、工务、电务、车辆、行车公寓（招待所）、配餐基地等铁路所属站段（单位）围护设施结构以内的地域。

在铁路运营站段范围内专供铁路站车使用的食品的配餐生产，属于铁路运营食品餐饮管理范畴，由铁路食品安全监督机构负责监管。

上述范围内的《餐饮服务许可证》的初次申请、延续、变更，到辖区内铁路卫生监督机构办理。

第一节　《餐饮服务许可证》的申请、延续和变更

一、《餐饮服务许可证》申请

餐饮服务实行许可制度，从事餐饮服务的单位和个人必须取得《餐饮服务许可证》后方可经营。办理《餐饮服务许可证》到辖区内铁路卫生监督所提出申请。

《餐饮服务许可证》有效期为 3 年，临时从事餐饮服务活动的，许可证有效期不超过 6 个月。

旅客餐车《餐饮服务许可证》实行“一车底一证”。

铁路运营食品经营者取得《餐饮服务许可证》后，应当妥善保管，不得伪造、涂改、倒卖、出租、出借，或者以其他形式非法转让。

铁路运营食品经营者应在经营场所醒目位置悬挂或者摆放许可证正本。

二、《餐饮服务许可证》延续

铁路运营食品经营者需要办理延续《餐饮服务许可证》的，应当在许可证有效期届满30日前向原许可机关提出延续申请。逾期提出延续申请的，按照新申请许可办理。

对申请延续许可的，铁路食品安全监督管理办公室应当以加工经营场所、布局流程、卫生设施等是否有变化为重点进行审核，符合规定条件和相关标准、要求的，应当准予延续并颁发新的《餐饮服务许可证》，原许可证证号不变。

铁路运营食品经营者在领取变更、延续后的新《餐饮服务许可证》时，应当将原许可证交回发证机关。

三、《餐饮服务许可证》变更

铁路运营食品经营者改变许可事项（单位名称、法人或负责人、许可项目等改变）或改变加工经营场所的布局流程、主要卫生设施的，应当向原许可机关申请变更许可。未经许可，不得擅自改变许可事项。

对申请变更许可的，铁路食品安全监督管理办公室应当以申请变更内容为重点进行审核，符合规定条件和相关标准、要求的，应当准予变更并颁发新的《餐饮服务许可证》，原许可证证号和有效期限不变。

四、《餐饮服务许可证》补发

铁路运营食品经营者遗失《餐饮服务许可证》的，应当于遗失后 60 日内在报刊上公开声明作废，持相关证明和补办申请向原发证机关申请补发，许可证毁损的，凭毁损的许可证原件向原发证机关申请补发。

五、《餐饮服务许可证》注销

有下列情形之一的，铁路食品安全监督管理办公室应当依法办理许可的注销手续：

1. 许可证有效期届满未申请延续的，或者延续申请未被批准的；
2. 食品经营者没有在法定期限内取得合法主体资格或者主体资格依法终止的；
3. 许可证依法被撤销或者依法被吊销的；
4. 因不可抗力导致餐饮服务许可事项无法实施的；
5. 食品经营者主动申请注销的；
6. 依法应当注销的其他情形。

《食品流通许可证》申请、延续、变更、补发、注销程序比照《餐饮服务许可证》办理程序。

第二节　许可证初次申请、延续、变更的程序和资料

一、《餐饮服务许可证》初次申请、延续、变更的程序

1. 申请和延续填写餐饮服务许可申请书中的表 1～表 4，变更填写表 5。
2. 按照申请书上的“填写说明”填写。
3. 按照申请书上的“需申报的资料”要求提供相应的资料。

4. 携带填写好的申请书及需要申报的资料到卫生监督机构接受资料审核。

5. 资料审核符合许可证发放要求的，监督部门会出具“许可申请材料接收凭证”和“许可申请受理决定书”。

6. 监督部门20日内到申请人经营场所按照“餐饮服务许可现场核查表”和国家食药局《餐饮服务许可审查规范》进行审核，审核符合许可证发放要求的10日内发证。

二、餐饮服务许可申请书

餐饮服务许可申请书

编号：

申 请 人：________________

申请日期：________________

申请类别：□初次申请　□变更　□延续

填写说明

一、本申请书适用于铁路运营食品经营者初次申请、变更、延续餐饮服务许可。

二、初次申请、延续餐饮服务许可的，填写表1、表2、表3、表4；变更餐饮服务许可的，填写表5。

三、本申请书由申请人填写。填写时要用黑色钢笔、碳素笔或者打印，文字要求简练、清楚，不得有涂改现象。无需填写的，在空格中以斜线划去。

四、“申请人”是指申请、变更、延续餐饮服务许可的单位或个人，按工商行政部门核定名称填写。不需要核定名称的单位，要按照单位隶属关系填写全称。

五、“申请类别”包括初次申请、变更、延续三种，在对应类别前的□内打“√”。

六、经济性质有：国有企业，集体企业，股份合作企业，联营企业，有限责任公司，股份有限公司，个人独资企业，合伙企业，港、澳、台商投资企业，外商投资企业，个体工商户。

七、“场所面积”是指与食品制作供应直接或者间接相关的场所的面积，包括食品处理区面积、非食品处理区面积和就餐场所面积。

八、填写“申请许可项目”，应在对应分类及备注栏勾选相应的申请项，如所申请项未在列出的范围内，勾选“其他”项，并填写具体内容。

九、本申请书内所称食品安全管理人员是指企业内部专职或兼职的食品质量安全负责人；个体工商户的食品安全管理工作由业主承担。

十、所附申报资料应使用A4纸打印。申报的资料、证件应当是原件，如需提交复印件的，应当在复印件上注明“与原件一致”，并由申请人或者指定代表（委托代理人）签字（盖章）。

十一、同一餐饮服务提供者在同一车站内经营多个售货亭（车）的，填写一份申请书，同时提交售货亭（车）数量、编号等信息。旅客餐车以车次为单位，填写一份申请书，同时提交车底数量、组别等信息。

十二、申请书封面编号由受理申请单位填写。

十三、本申请书一式一份。

十四、本申请书应为申请材料首页，所附资料应按编号顺序整理装订。

表1　基本信息表

单位名称			
单位地址			
经济性质		固定资产（万元）	
场所面积（平方米）		产权人	
职工人数		应体检人数	
供餐人数		就餐座位数	
法定代表人		联系电话	
负责人		联系电话	
业主		联系电话	
委托代理人		联系电话	

申请许可项目：

类别：□特大型餐馆；□大型餐馆；□中型餐馆；□小型餐馆；□食堂；

□快餐店；□小吃店；□饮品店；□甜品站；□中央厨房；

□旅客餐车；□铁路配餐；□餐料配送（指客运段地勤、旅服车间、中途补料点等为餐车提供餐料的单位）；□站售快餐；

□其他（________________）

备注：□兼营预包装食品零售；

□全部使用半成品加工；□单纯火锅；□单纯烧烤；

□机关单位食堂；□行车公寓食堂；□幼儿园食堂；□伙食团；

□中餐类制售；□西餐类制售；□日餐类制售；□韩餐类制售；

□含凉菜；□含裱花蛋糕；□含生食海产品；□冷热饮品制售；

□其他（________________）

表2　食品安全设施表

食品安全设施：

序　号	名　　称	数量	位　　置	备　　注

保证申明

申请人保证：本申请书中所填内容及所附资料均真实、合法。如有不实之处，本人（单位）愿负相应的法律责任，并承担由此产生的一切后果。

申请人（签名）：

年　　月　　日

表3　负责人情况登记表

<table>
<tr><td>姓　　名</td><td></td><td>性　　别</td><td></td><td>民　　族</td><td></td></tr>
<tr><td>职　　务</td><td></td><td>任免单位</td><td colspan="3"></td></tr>
<tr><td>联系电话</td><td colspan="5"></td></tr>
<tr><td>户籍登记住址</td><td colspan="5"></td></tr>
<tr><td>身份证号码</td><td colspan="5"></td></tr>
<tr><td colspan="6">（身份证复印件粘贴处）</td></tr>
<tr><td colspan="6">负责人承诺：
过去五年内，本人担任主管人员所在的食品生产经营单位，不存在被吊销食品生产、流通或者餐饮服务许可证的情形。同时，本单位将严格遵守《食品安全法》第九十二条第二款的规定。
谨此承诺，本表所填内容不含虚假成分，现亲笔签字确认。
签字：
年　　月　　日</td></tr>
</table>

表4　食品安全管理人员情况登记表

姓　　名	性 别	职　　务	身份证号码	联系电话

身份证复印件粘贴处

食品安全管理人员承诺：

过去五年内，本人担任主管人员所在的食品生产经营单位，不存在被吊销食品生产、流通或者餐饮服务许可证的情形。

谨此承诺，本表所填内容不含虚假成分，现亲笔签字确认。

签字：

年　　月　　日

初次申请、延续许可需申报的资料：

1. 需办理工商营业执照的食品经营者，应提交名称预先核准证明材料。

2. 法定代表人（负责人或者业主）的身份证复印件。

3. 委托非本单位人员办理申请时，应提交委托代理人的身份证复印件及委托书。

4. 租赁铁路场所从事餐饮服务活动的，应提交加工经营场所的合法使用证明（如房屋所有权证或租赁协议等）。

5. 加工经营场所和设备布局、加工流程、卫生设施等示意图（图中应标明用途、面积、尺寸、比例、人流物流、设备设施位置等）。

6. 食品安全管理人员的食品安全知识培训合格证明。

7. 从业人员健康体检和食品安全知识培训合格证明复印件（10人以上提供花名册，内容包括姓名、性别、年龄、工种、证件编号、发放日期、体检培训单位）。

8. 保证食品安全的规章制度（至少包括食品和食品添加剂采购索证验收管理制度、食品贮存管理制度、食品添加剂使用管理制度、粗加工管理制度、烹调加工管理制度、餐饮具清洗消毒保洁管理制度、专间食品安全管理制度、食品留样制度、餐厨废弃物管理制度、设施设备运行维护和卫生管理制度、食品及相关物品定位存放制度、病媒生物预防控制制度、从业人员健康管理制度、从业人员食品安全知识培训管理制度、食品安全综合检查管理制度等）。

9. 食品安全事故应急处置方案。

10. 使用非城市管网自来水的单位，应提交经国家资质认可的检验机构出具的用水检验合格报告，报告出具时间不超过最近6个月。

11. 一次性食品相关用品的检验合格证明。

12. 关键环节食品加工规程（至少包括食品和食品原料验收操作规程、食品贮存操作规程、食品加工操作规程、食品添加剂贮存使用操作规程、专间操作规程、食品用具清洗消毒操作规程、不符合食品安全要求的食品处理规程）。

13. 新、改、扩建经营场所的经营者，提交《预防性竣工卫生验收认可书》。

14. 经营场所使用集中空调通风系统的经营者，提交集中空调通风系统按规定开展清洗消毒和卫生学评价合格的证明材料。

15. 铁路配餐单位应同时提交：产品原料配方、产品包装形式说明、产品包装材料卫生标准、与实际产品内容相符合的标签和标识说明书样张、产品卫生质量标准、检验条件及能力、与生产规模相适应的运送热藏或冷藏食品的容器及车辆条件和温度控制装置说明。

16. 自制火锅底料、自制饮料、自制调味料的餐饮服务单位提交所使用的食品添加剂名称。

17. 延续许可的，提交原许可证复印件。

表 5　基本信息表

<table>
<tr><td rowspan="8">原核准内容</td><td>单位名称</td><td></td></tr>
<tr><td>单位地址</td><td></td></tr>
<tr><td>法定代表人（负责人或业主）</td><td></td></tr>
<tr><td>类　别</td><td></td></tr>
<tr><td>备　注</td><td></td></tr>
<tr><td>许可证编号</td><td></td></tr>
<tr><td>许可证发证时间</td><td>年　月　日</td></tr>
<tr><td>许可证有效期限</td><td>年　月　日至　年　月　日</td></tr>
</table>

申请变更内容（请在相应的□内打“√”）：

□ 单位名称　　□ 法定代表人（负责人或业主）

□ 地址名称　　□ 类别

□ 备注　　□ 其他（________________）

申请变更内容变更为：

附申报资料

1. 原许可证复印件。
2. 变更原因说明。
3. 有关部门出具的核准变更证明材料。
4. 委托非本单位人员办理申请时，委托代理人的身份证复印件及委托书。

保证申明

申请人保证：本申请书中所填内容及所附资料均真实、合法。如有不实之处，本人（单位）愿负相应的法律责任，并承担由此产生的一切后果。

申请人（签名）：

年　月　日

三、食品流通许可申请书

餐饮服务许可申请书

编号：

申　请　人：____________________________

申请日期：____________________________

申请类别：□初次申请　□变更　□延续

填写说明

一、本申请书适用于铁路运营食品经营者初次申请、变更、延续食品流通许可。

二、初次申请、延续食品流通许可的，填写表1、表2、表3、表4；变更食品流通许可的，填写表5。

三、本申请书由申请人填写。填写时要用黑色钢笔、碳素笔或者打印，文字要求简练、清楚，不得有涂改现象。无需填写的，在空格中以斜线划去。

四、“申请人”是指申请、变更、延续食品流通许可的单位或个人，按工商行政部门核定名称填写。不需要核定名称的单位，要按照单位隶属关系填写全称。

五、“申请类别”包括初次申请、变更、延续三种，在对应类别前的□内打“√”。

六、“经营场所”要表述单位具体位置，明确到门牌号。如无门牌号的，要明确参照物。

七、“主体类型”是指企业的经济性质。包括：国有企业，集体企业，股份合作企业，联营企业，有限责任公司，股份有限公司，个人独资企业，合伙企业，港、澳、台商投资企业，外商投资企业，个体工商户。

八、“许可范围”根据拟申请的食品经营项目和经营方式，在对应的经营项目和经营方式前的□内打“√”；经营方式只能选择其中一种，经营项目可以兼项选择。

九、本申请书内所称食品安全管理人员是指企业内部专职或兼职的食品质量安全负责人；个体工商户的食品安全管理工作由业主承担。

十、所附申报资料应使用A4纸打印。申报的资料、证件应当是原件，如需提交复印件的，应当在复印件上注明“与原件一致”，并由申请人或者指定代表（委托代理人）签字（盖章)。

十一、同一经营者在同一车站内或同一列车上经营多个售货亭（车）的，填写一份申请书，同时提交售货亭（车）数量、编号等信息。

十二、申请书封面编号由受理申请单位填写。

十三、本申请书一式一份。

十四、本申请书应为申请材料首页，所附资料应按编号顺序整理装订。

表 1　基本信息表

<table>
<tr><td>单位名称</td><td colspan="3"></td></tr>
<tr><td>经营场所</td><td colspan="3"></td></tr>
<tr><td>主体类型</td><td></td><td>固定资产
（万元）</td><td></td></tr>
<tr><td>经营场所面积
（平方米）</td><td></td><td>产 权 人</td><td></td></tr>
<tr><td>法定代表人</td><td></td><td>联系电话</td><td></td></tr>
<tr><td>负 责 人</td><td></td><td>联系电话</td><td></td></tr>
<tr><td>委托代理人</td><td></td><td>联系电话</td><td></td></tr>
<tr><td>类　　别</td><td colspan="3">□1. 商场 □2. 超市 □3. 批发企业 □4. 食杂店
□5. 售货车 □6. 售货亭 □7. 其他</td></tr>
<tr><td>许可范围</td><td colspan="2">经营方式：
□1. 批发
□2. 零售
□3. 批发兼零售</td><td>经营项目：
□1. 预包装食品
□2. 散装食品
□3. 冷藏食品</td></tr>
</table>

表 2　食品安全设施表

食品安全设施：

序 号	名 称	数 量	位 置	备 注

保证申明

申请人保证：本申请书中所填内容及所附资料均真实、合法。如有不实之处，本人（单位）愿负相应的法律责任，并承担由此产生的一切后果。

申请人（签名）：

年　　月　　日

表 3　负责人情况登记表

<table>
<tr><td>姓　　名</td><td></td><td>性　　别</td><td></td><td>民　　族</td><td></td></tr>
<tr><td>职　　务</td><td></td><td>任免单位</td><td colspan="3"></td></tr>
<tr><td>联系电话</td><td colspan="5"></td></tr>
<tr><td>户籍登记住址</td><td colspan="5"></td></tr>
<tr><td>身份证号码</td><td colspan="5"></td></tr>
<tr><td colspan="6">（身份证复印件粘贴处）</td></tr>
<tr><td colspan="6">负责人承诺：
过去五年内，本人担任主管人员所在的食品生产经营单位，不存在被吊销食品生产、流通或者餐饮服务许可证的情形。同时，本单位将严格遵守《食品安全法》第九十二条第二款的规定。
谨此承诺，本表所填内容不含虚假成分，现亲笔签字确认。

签字：
年　　月　　日</td></tr>
</table>

表4　食品安全管理人员情况登记表

姓　　名	性 别	职　　务	身份证号码	联系电话
身份证复印件粘贴处				
食品安全管理人员承诺： 过去五年内，本人担任主管人员所在的食品生产经营单位，不存在被吊销食品生产、流通或者餐饮服务许可证的情形。 谨此承诺，本表所填内容不含虚假成分，现亲笔签字确认。 签字： 年　　月　　日				

初次申请、延续许可需申报的资料：

1. 需办理工商营业执照的食品经营者，应提交名称预先核准证明材料。

2. 法定代表人（负责人）的身份证复印件。

3. 委托非本单位人员办理申请时，应提交委托代理人的身份证复印件及委托书。

4. 租赁铁路场所从事食品流通活动的，应提交经营场所合法使用证明（如房屋所有权证或租赁协议等）。

5. 经营场所和设备布局、卫生设施等示意图（图中应标明面积、位置、用途、尺寸、比例等）。

6. 食品安全管理人员的食品安全知识培训合格证明。

7. 从业人员健康体检和食品安全知识培训合格证明复印件（10 人以上提供花名册，内容包括姓名、性别、年龄、工种、证件编号、发放日期、体检培训单位）。

8. 一次性食品相关用品的检验合格证明。

9. 保证食品安全的规章制度（至少包括食品采购索证验收管理制度、食品贮存管理制度、食品及相关物品定位存放制度、设施设备维护和卫生管理制度、病媒生物预防控制制度、从业人员健康管理制度、从业人员食品安全知识培训管理制度、食品安全检查管理制度）。

10. 食品安全突发事件应急处置预案。

11. 经营场所使用集中空调通风系统的经营者，提交集中空调通风系统按规定开展清洗消毒和卫生学评价合格的证明材料。

12. 经营冷藏食品的单位，提交与经营规模相适应的冷藏设施条件说明。

13. 延续许可的，提交原许可证复印件。

表5 基本信息表

<table>
<tr><td rowspan="7">原核准内容</td><td>单位名称</td><td></td></tr>
<tr><td>经营场所</td><td></td></tr>
<tr><td>负责人</td><td></td></tr>
<tr><td>主体类型</td><td></td></tr>
<tr><td>许可范围</td><td></td></tr>
<tr><td>许可证发证时间</td><td>年 月 日</td></tr>
<tr><td>许可证有效期限</td><td>年 月 日至 年 月 日</td></tr>
<tr><td colspan="3">申请变更内容（请在相应的□内打“√”）：
□ 单位名称　　□ 经营场所地址名称
□ 负责人　　□ 主体类型
□ 许可范围　　□ 其他（________）</td></tr>
<tr><td colspan="3">申请变更内容变更为：</td></tr>
<tr><td colspan="3">附申报资料：
1. 原许可证复印件。
2. 变更原因说明。
3. 有关部门出具的核准变更证明材料。
4. 委托非本单位人员办理申请时，委托代理人的身份证复印件及委托书。</td></tr>
<tr><td colspan="3">保证申明
申请人保证：本申请书中所填内容及所附资料均真实、合法。如有不实之处，本人（单位）愿负相应的法律责任，并承担由此产生的一切后果。

申请人（签名）：
年 月 日</td></tr>
</table>

第三节 许可证管理

1. 许可证不得超过有效期限，在有效期限30日之前到所在地监督部门申请办理延续手续。

2. 不得存在转让、涂改、出借、倒卖、出租许可证等行为。

3. 不得擅自改变许可类别、备注项目，如需改变到所在地监督部门申请变更手续。

4. 不得擅自改变经营地址，如需改变到所在地监督部门申请变更手续。

5. 按规定悬挂或摆放许可证、餐饮服务食品安全监督动态等级公示牌，做到亮证经营。

第四章 硬件设施、设备卫生要求

预防性卫生监督是通过基本工程项目设计的卫生审查，从建筑布局到流程设计上贯彻各项卫生要求，从而提高环境卫生质量，改善流程布局，保障食品安全。譬如：食品加工过程应遵守生进熟出单一流向的原则；各功能区的布局应避免造成食品交叉污染的原则等。食品生产加工经营单位新建、改建、扩建工程的选址和设计应当符合卫生要求，其设计审查和工程施工一定要有卫生监督部门参加。

第一节 建筑、布局卫生要求

一、选址卫生要求

1. 应选择地势干燥、有给排水条件和电力供应的地区，不得设在易受到污染的区域。

2. 应距离粪坑、污水池、暴露垃圾场（站）、旱厕等污染源25 m以上，并设置在粉尘、有害气体、放射性物质和其他扩散性污染源的影响范围之外。

3. 应同时符合规划、环保和消防等有关要求。

二、建筑结构、布局、场所设置、分隔、面积要求

1. 建筑结构应坚固耐用、易于维修、易于保持清洁，能避免有害动物的侵入和栖息。

2. 食品处理区应设置在室内，按照原料进入、原料加工、半成

品加工、成品供应的流程合理布局，并应能防止在存放、操作中产生交叉污染。食品加工处理流程应为生进熟出的单一流向。原料通道及入口、成品通道及出口、使用后的餐饮（具）回收通道及入口，宜分开设置；无法分设时，应在不同的时段分别运送原料、成品、使用后的餐饮具，或者将运送的成品加以无污染覆盖。

3. 食品处理区应设置专用的粗加工（全部使用半成品的可不设置）、烹饪（单纯经营火锅、烧烤的可不设置）、餐用具清洗消毒的场所，并应设置原料和（或）半成品贮存、切配及备餐（饮品店可不设置）的场所。进行凉菜配制、裱花操作、食品分装操作的，应分别设置相应专间。制作现榨饮料、水果拼盘及加工生食海产品的，应分别设置相应的专用操作场所。集中备餐的食堂和快餐店应设有备餐专间。中央厨房配制凉菜以及待配送食品贮存的，应分别设置食品加工专间；食品冷却、包装应设置食品加工专间或专用设施。

4. 食品处理区应符合《餐饮服务提供者场所布局要求》（附件 1）。

5. 食品处理区的面积应与就餐场所面积、最大供餐人数相适应，各类餐饮服务提供者食品处理区与就餐场所面积之比、切配烹饪场所面积应符合《餐饮服务提供者场所布局要求》（附件 1）。

6. 粗加工场所内应至少分别设置动物性食品和植物性食品的清洗水池，水产品的清洗水池应独立设置，水池数量或容量应与加工食品的数量相适应。应设专用于清洁工具的清洗水池，其位置应不会污染食品及其加工制作过程。各类水池应以明显标识标明其用途。

7. 烹饪场所加工食品如使用固体燃料，炉灶应为隔墙烧火的外扒灰式，避免粉尘污染食品。

8. 清洁工具的存放场所应与食品处理区分开，大型以上餐馆（含大型餐馆）、加工经营场所面积 500 m^2 以上的食堂、集体用餐配送单位和中央厨房宜设置独立存放隔间。

9. 加工经营场所内不得圈养、宰杀活的禽畜类动物。在加工经营场所外设立圈养、宰杀场所的，应距离加工经营场所 25 m 以上。

第二节 各设施的卫生要求

一、地面与排水要求

1. 食品处理区地面应用无毒、无异味、不透水、不易积垢、耐腐蚀和防滑的材料铺设，且平整、无裂缝。

2. 粗加工、切配、烹饪和餐用（具）清洗消毒等需经常冲洗的场所及易潮湿的场所，其地面应易于清洗、防滑，并应有一定的排水坡度及排水系统。排水沟应有坡度、保持通畅、便于清洗，沟内不应设置其他管路，侧面和底面接合处应有一定弧度，并设有可拆卸的盖板。排水的流向应由高清洁操作区流向低清洁操作区，并有防止污水逆流的设计。排水沟出口应有防止有害动物侵入的设施。

3. 清洁操作区内不得设置明沟，地漏应能防止废弃物流入及浊气逸出。

4. 废水应排至废水处理系统或经其他适当方式处理。

二、墙壁与门窗要求

1. 食品处理区墙壁应采用无毒、无异味、不透水、不易积垢、平滑的浅色材料构筑。

2. 粗加工、切配、烹饪和餐用具清洗消毒等需经常冲洗的场所及易潮湿的场所，应有 1.5 m 以上、浅色、不吸水、易清洗和耐用的材料制成的墙裙，各类专间的墙裙应铺设到墙顶。

3. 粗加工、切配、烹饪和餐用具清洗消毒等场所及各类专间的门应采用易清洗、不吸水的坚固材料制作。

4. 食品处理区的门、窗应装配严密，与外界直接相通的门和可开启的窗应设有易于拆洗且不生锈的防蝇纱网或设置防蝇帘，与外界直接相通的门和各类专间的门应能自动关闭。室内窗台下斜 45°或采用无窗台结构。

5. 以自助餐形式供餐的或无备餐专间的快餐店和食堂，就餐场所窗户应为封闭式或装有防蝇防尘设施，门应设有防蝇防尘设施，宜设防蝇帘。

三、屋顶与天花板要求

1. 加工经营场所天花板的设计应易于清扫，能防止害虫隐匿和灰尘积聚，避免长霉或建筑材料脱落等情形发生。

2. 食品处理区天花板应选用无毒、无异味、不吸水、不易积垢、耐腐蚀、耐温、浅色材料涂覆或装修，天花板与横梁或墙壁结合处有一定弧度；水蒸汽较多场所的天花板应有适当坡度，在结构上减少凝结水滴落。清洁操作区、准清洁操作区及其他半成品、成品暴露场所屋顶若为不平整的结构或有管道通过，应加设平整易于清洁的吊顶。

3. 烹饪场所天花板离地面宜 2.5 m 以上，小于 2.5 m 的应采用机械排风系统，有效排出蒸汽、油烟、烟雾等。

四、卫生间要求

1. 卫生间不得设在食品处理区。

2. 卫生间应采用水冲式，地面、墙壁、便槽等应采用不透水、易清洗、不易积垢的材料。

3. 卫生间内的洗手设施，宜设置在出口附近。

4. 卫生间应设有效排气装置，并有适当照明，与外界相通的门窗应设有易于拆洗不生锈的防蝇纱网。外门应能自动关闭。

5. 卫生间排污管道应与食品处理区的排水管道分设，且应有有效的防臭气水封。

五、更衣场所要求

1. 更衣场所与加工经营场所应处于同一建筑物内，宜为独立隔间且处于食品处理区入口处。

2. 更衣场所应有足够大小的空间、足够数量的更衣设施和适当的照明设施，在门口处宜设有洗手设施。

六、库房要求

1. 食品和非食品（不会导致食品污染的食品容器、包装材料、工具等物品除外）库房应分开设置。

2. 食品库房应根据贮存条件的不同分别设置，必要时设冷冻（藏）库。

3. 同一库房内贮存不同类别食品和物品时，应区分存放区域，不同区域应有明显标识。

4. 库房构造应以无毒、坚固的材料建成，且易于维持整洁，并应有防止动物侵入的装置。

5. 库房内应设置足够数量的存放架，其结构及位置应能使贮存的食品和物品距离墙壁、地面均在 10 cm 以上，以利空气流通及物品搬运。

6. 除冷冻（藏）库外的库房应有良好的通风、防潮、防鼠等设施。

7. 冷冻（藏）库应设可正确指示库内温度的温度计，宜设外显式温度（指示）计。

七、洗手消毒设施要求

1. 食品处理区内应设置足够数量的洗手设施，其位置应设置在方便员工的区域。

2. 洗手消毒设施附近应设有相应的清洗、消毒用品和干手用品或设施。员工专用洗手消毒设施附近应有洗手消毒方法标识。

3. 洗手设施的排水应具有防止逆流、有害动物侵入及臭味产生的装置。

4. 洗手池的材质应为不透水材料，结构应易于清洗。

5. 水龙头宜采用脚踏式、肘动式或感应式等非手触动式开关，宜提供温水。中央厨房专间的水龙头应为非手触动式开关。

6. 就餐场所应设有足够数量的供就餐者使用的专用洗手设施。

八、供水设施要求

1. 供水应能保证加工需要，水质应符合《生活饮用水卫生标准》（GB 5749）规定。

2. 不与食品接触的非饮用水（如冷却水、污水或废水等）的管道系统和食品加工用水的管道系统，可见部分应以不同颜色明显区分，并应以完全分离的管路输送，不得有逆流或相互交接现象。

九、通风排烟设施要求

1. 食品处理区应保持良好通风，及时排除潮湿和污浊的空气。空气流向应由高清洁区流向低清洁区，防止食品、餐用具、加工设备设施受到污染。

2. 烹饪场所应采用机械排风。产生油烟的设备上方应加设附有机械排风及油烟过滤的排气装置，过滤器应便于清洗和更换。

3. 产生大量蒸汽的设备上方应加设机械排风排气装置，宜分隔成小间，防止结露并做好凝结水的引泄。

4. 排气口应装有易清洗、耐腐蚀并符合要求的可防止有害动物侵入的网罩。

十、清洗、消毒、保洁设施要求

1. 清洗、消毒、保洁设备设施的大小和数量应能满足需要。

2. 用于清扫、清洗和消毒的设备、用具应放置在专用场所妥善保管。

3. 餐用具清洗消毒水池应专用，与食品原料、清洁用具及接触非直接入口食品的工具、容器清洗水池分开。水池应使用不锈钢或陶瓷等不透水材料制成，不易积垢并易于清洗。采用化学消毒的，至少设有 3 个专用水池。采用人工清洗热力消毒的，至少设有 2 个专用水池。各类水池应以明显标识标明其用途。

4. 采用自动清洗消毒设备的，设备上应有温度显示和清洗消毒剂自动添加装置。

5. 使用的洗涤剂、消毒剂应符合《食品工具、设备用洗涤剂卫生标准》（GB 14930.1）和《食品安全国家标准　消毒剂》（GB 14930.2）等有关食品安全标准和要求。

6. 洗涤剂、消毒剂应存放在专用的设施内。

7. 应设专供存放消毒后餐用具的保洁设施，标识明显，其结构应密闭并易于清洁。

十一、防尘、防鼠、防虫害设施及其相关物品管理要求

1. 加工经营场所门窗应设置防尘防鼠防虫害设施。

2. 加工经营场所可设置灭蝇设施。使用灭蝇灯的，应悬挂于距地面 2 m 左右高度，且应与食品加工操作场所保持一定距离。

3. 排水沟出口和排气口应有网眼孔径小于 6 mm 的金属格栅或网罩，以防鼠类侵入。

4. 应定期进行除虫灭害工作，防止害虫孳生。除虫灭害工作不得在食品加工操作时进行，实施时对各种食品应有保护措施。

5. 加工经营场所内如发现有害动物存在，应追查和杜绝其来源，扑灭时应不污染食品、食品接触面及包装材料等。

6. 杀虫剂、杀鼠剂等物品存放，应有固定的场所（或橱柜）并上锁，有明显的警示标识，并有专人保管。

7. 使用杀虫剂进行除虫灭害时，应由专人按照规定的使用方法进行，宜选择具备资质的有害动物防治机构进行除虫灭害。

8. 各种杀虫药械的采购及使用应有详细记录，包括使用人、使用目的、使用区域、使用量、使用及购买时间、配制浓度等。使用

后应进行复核，并按规定进行存放、保管。

十二、采光照明设施要求

1. 加工经营场所应有充足的自然采光或人工照明，食品处理区工作面不应低于 220 lx，其他场所不宜低于 110 lx。光源应不改变所观察食品的天然颜色。

2. 安装在暴露食品正上方的照明设施应使用防护罩，以防止破裂时玻璃碎片污染食品。冷冻（藏）库房应使用防爆灯。

十三、废弃物暂存设施要求

1. 食品处理区内可能产生废弃物或垃圾的场所均应设有废弃物容器。废弃物容器应与加工用容器有明显的区分标识。

2. 废弃物容器应配有盖子，以坚固及不透水的材料制造，能防止污染食品、水源及地面，防止有害动物的侵入，防止不良气味或污水的溢出，内壁应光滑便于清洗。专间内的废弃物容器盖子应为非手动开启式。

3. 废弃物应及时清除，清除后的容器应及时清洗，必要时进行消毒。

4. 在加工经营场所外适当地点宜设置结构密闭的废弃物临时集中存放设施。中型以上餐馆（含中型餐馆）、食堂、集体用餐配送单位和中央厨房，宜安装油水隔离池、油水分离器等设施。

十四、设备与工具卫生要求

1. 接触食品的设备、工具、容器、包装材料等应符合食品安全标准或要求。

2. 食品加工用设备、工具和容器的构造应有利于保证食品卫生，易于清洗消毒、便于检查，避免因构造原因造成润滑油、金属碎屑、污水或其他可能引起污染的物质滞留于设备和工具中。

3. 接触食品的设备、工具和容器与食品的接触面应平滑、无凹陷或裂缝，内部角落部位应避免有尖角，以避免食品碎屑、污垢等的聚积。

4. 设备的摆放位置应便于操作、清洁、维护和减少交叉污染。

5. 用于原料、半成品、成品的工具和容器，应分开摆放和使用，有明显的区分标识。

6. 所有用于食品处理区及可能接触食品的设备与工具，应由无毒、无臭味或异味、耐腐蚀、不易发霉的，符合卫生标准的材料制造。不与食品接触的设备与工具的构造，应易于保持清洁。

7. 所有食品设备、工具和容器，不宜使用木质材料（工艺要求必须使用除外）；必须使用木质材料的工具，应保证不会对食品产生污染。

8. 集体用餐配送单位和中央厨房应配备盛装、分送产品的专用密闭容器，运送产品的车辆应为专用封闭式，车辆内部结构应平整、便于清洁，设有温度控制设备。

第三节　各类专间卫生要求

一、专间定义

指处理或短时间存放直接入口食品的专用操作间，包括凉菜间、裱花间、备餐间、分装间等。

二、专间设施要求

1. 专间应为独立隔间，专间内应设有专用工具容器清洗消毒设施和空气消毒设施，专间内温度应不高于 25 ℃，应设有独立的空调设施。中型以上餐馆（含中型餐馆）、快餐店、学校食堂（含托幼机构食堂）、供餐人数 50 人以上的机关和企事业单位食堂、集体用餐配送单位、中央厨房的专间入口处应设置有洗手、消毒、更衣设施的通过式预进间。

2. 以紫外线灯作为空气消毒设施的，紫外线灯（波长 200～275 nm）应按功率不小于 1.5 W/m³设置，紫外线灯应安装反光罩，强度大于 70 μW/cm²。专间内紫外线灯应分布均匀，悬挂于距离地面 2 m 以内高度。

3. 应设有专用冷藏设施。需要直接接触成品的用水，宜通过符合相关规定的水净化设施或设备。中央厨房专间内需要直接接触成品的用水，应加装水净化设施。

4. 专间应设一个门，如有窗户应为封闭式（传递食品用的除外）。专间内食品传送窗口应可开闭，大小宜以可通过传送食品的容器为准。

5. 专间的面积应与就餐场所面积和供应就餐人数相适应，各类餐饮服务提供者专间面积要求应符合《餐饮服务提供者场所布局要求》（附件 1）。

三、专间基本卫生要求

1. 做到“专人、专室、专工具、专消毒、专冷藏、专用空调”。

2. 非专间人员不准擅自进入专间。专间人员进入专间前应更换洁净的二次更衣工作服，并将手洗净、消毒，每次操作前应再次洗手消毒。

3. 加工食品的工具、容器定位存放，使用后洗刷干净，每次使用前进行消毒。

4. 专间内装有紫外线消毒灯，紫外线灯使用应有记录，记录消毒时间和灯管累计使用时间。灯管紫外线照度≤70 lx 时或者灯管累计使用 1 000 小时需要更换灯管。

5. 专间内设有三个清洗消毒水池，标志明显，对专间用工用具和瓜果进行消毒。

6. 专间室温应低于 25 ℃，设有与食品数量相适应的冷藏设备。

7. 须将蔬菜、水果类择好洗净后再带入专间。

8. 备用餐具应存放在密闭保洁设施内。

9. 专间内冰箱、案台等设备应保持清洁，食品加工台面和冰箱把手应每餐前清洁消毒。

10. 专间内外食品传送窗口在不进行传送操作时应关闭。

第四节 场所及设施设备管理要求

1. 应建立餐饮服务加工经营场所及设施设备清洁、消毒制度，各岗位相关人员宜按照《推荐的餐饮服务场所、设施、设备及工具清洁方法》（附件 2）的要求进行清洁，使场所及其内部各项设施设备随时保持清洁。

2. 应建立餐饮服务加工经营场所及设施设备维修保养制度，并按规定进行维护或检修，以使其保持良好的运行状况。

3. 食品处理区不得存放与食品加工无关的物品，各项设施设备也不得用作与食品加工无关的用途。

附件 1：

餐饮服务提供者场所布局要求

	加工经营场所面积或人数	食品处理区与就餐场所面积之比（推荐）	切配烹饪场所面积	凉菜间面积	食品处理区为独立隔间的场所
餐馆	≤150 m^2	≥1∶2.0	≥食品处理区面积 50%	≥食品处理区面积 10%	加工烹饪、餐用具清洗消毒
	150～500 m^2（不含 150 m^2，含 500 m^2）	≥1∶2.2	≥食品处理区面积 50%	≥食品处理区面积 10%，且≥5 m^2	加工、烹饪、餐用具清洗消毒
	500～3 000 m^2（不含 500 m^2，含 3 000 m^2）	≥1∶2.5	≥食品处理区面积 50%	≥食品处理区面积 10%	粗加工、切配、烹饪、餐用具清洗消毒、清洁工具存放

续上表

	加工经营场所面积或人数	食品处理区与就餐场所面积之比（推荐）	切配烹饪场所面积	凉菜间面积	食品处理区为独立隔间的场所
餐馆	>3 000 m^2	≥1∶3.0	≥食品处理区面积50%	≥食品处理区面积10%	粗加工、切配、烹饪、餐用具清洗消毒、餐用具保洁、清洁工具存放
快餐店	—	—	≥食品处理区面积50%	≥食品处理区面积10%，且≥5 m^2	加工、备餐
小吃店饮品店	—	—	≥食品处理区面积50%	≥食品处理区面积10%	加工、备餐
食堂	供餐人数50人以下的机关、企事业单位食堂	—	≥食品处理区面积50%	≥食品处理区面积10%	备餐、其他参照餐馆相应要求设置
	供餐人数300人以下的学校食堂，供餐人数50～500人的机关、企事业单位食堂	—	≥食品处理区面积50%	≥食品处理区面积10%，且≥5 m^2	备餐、其他参照餐馆相应要求设置
	供餐人数300人以上的学校（含托幼机构）食堂，供餐人数500人以上的机关、企事业单位食堂	—	≥食品处理区面积50%	≥食品处理区面积10%	备餐、其他参照餐馆相应要求设置
	建筑工地食堂	布局要求和标准由各省级食品药品监管部门制定			—

续上表

	加工经营场所面积或人数	食品处理区与就餐场所面积之比（推荐）	切配烹饪场所面积	凉菜间面积	食品处理区为独立隔间的场所
集体用餐配送单位	食品处理区面积与最大供餐人数相适应，小于 200 m^2，面积与单班最大生产份数之比为 1∶2.5；200～400 m^2，面积与单班最大生产份数之比为 1∶2.5；400～800 m^2，面积与单班最大生产份数之比为 1∶4；800～1 500 m^2，面积与单班最大生产份数之比为 1∶6；面积大于 1 500 m^2 的，其面积与单班最大生产份数之比可适当减少。烹饪场所面积≥食品处理区面积 15%，分餐间面积≥食品处理区 10%，清洗消毒面积≥食品处理区 10%				粗加工、切配、烹饪、餐用具清洗消毒、餐用具保洁、分装、清洁工具存放
中央厨房	加工操作和贮存场所面积原则上不小于 300 m^2；清洗消毒区面积不小于食品处理区面积的 10%		≥食品处理区面积 15%	≥10 m^2	粗加工、切配、烹饪、面点制作、食品冷却、食品包装、待配送食品贮存、工用具清洗消毒、食品库房、更衣室、清洁工具存放

附件 2：

推荐的餐饮服务场所、设施、设备及工具清洁方法

项　　目	频　　率	使用物品	方　　法
地　　面	每天完工或有需要时	扫帚、拖把、刷子、清洁剂	（1）用扫帚扫地 （2）用拖把以清洁剂拖地 （3）用刷子刷去余下污物 （4）用水彻底冲净 （5）用干拖把拖干地面
排水沟	每天完工或有需要时	铲子、刷子、清洁剂及消毒剂	（1）用铲子铲去沟内大部分污物 （2）用水冲洗排水沟 （3）用刷子刷去沟内余下污物 （4）用清洁剂、消毒剂洗净排水沟

续上表

项　　目	频　　率	使用物品	方　　法
墙壁、天花板（包括照明设施）及门窗	每月一次或有需要时	抹布、刷子及清洁剂	（1）用干布除去干的污物 （2）用湿布抹擦或用水冲刷 （3）用清洁剂清洗 （4）用湿布抹净或用水冲净 （5）风干
冷　　库	每周一次或有需要时	抹布、刷子及清洁剂	（1）清除食物残渣及污物 （2）用湿布抹擦或用水冲刷 （3）用清洁剂清洗 （4）用湿布抹净或用水冲净 （5）用清洁的抹布抹干/风干
工作台及洗涤盆	每次使用后	抹布、清洁剂及消毒剂	（1）清除食物残渣及污物 （2）用湿布抹擦或用水冲刷 （3）用清洁剂清洗 （4）用湿布抹净或用水冲净 （5）用消毒剂消毒 （6）风干
工具及加工设备	每次使用后	抹布、刷子、清洁剂及消毒剂	（1）清除食物残渣及污物 （2）用水冲刷 （3）用清洁剂清洗 （4）用水冲净 （5）用消毒剂消毒 （6）风干
排烟设施	表面每周一次内部清洗每年不少于2次	抹布、刷子及清洁剂	（1）用清洁剂清洗 （2）用刷子、抹布去除油污 （3）用湿布抹净或用水冲净 （4）风干
废弃物暂存容器	每天完工或有需要时	刷子、清洁剂及消毒剂	（1）清除食物残渣及污物 （2）用水冲刷 （3）用清洁剂清洗 （4）用水冲净 （5）用消毒剂消毒 （6）风干

食品安全操作卫生要求

餐饮加工单位的卫生质量，在很大程度上取决于集体食堂经营者在采购食品与原料时是否严格把关，其食品和原料是否符合食品卫生要求。因此食品采购是保证饭菜卫生的第一关，采购的食品及原料不符合卫生要求，就难以保证供应到餐桌上的食品是卫生的。

第一节　食品采购卫生要求

食品安全操作并不仅仅指的是食物的制作，而是包括了食品从原料采购到供消费者食用的全部过程。因为食品安全问题不仅可能产生在食物的制作环节，而是在原料采购、贮存、加工、烹制、准备及配送的整个过程中都有可能发生。因此，食品安全责任在食品尚未进入到厨房前就已经开始了。

一、禁止采购经营的食品

《食品安全法》第二十八条规定禁止生产经营的食品：

1. 用非食品原料生产的食品或者添加食品添加剂以外的化学物质和其他可能危害人体健康物质的食品，或者用回收食品作为原料生产的食品；

2. 致病性微生物、农药残留、兽药残留、重金属、污染物质以及其他危害人体健康的物质含量超过食品安全标准限量的食品；

3. 营养成分不符合食品安全标准的专供婴幼儿和其他特定人群

的主辅食品；

4. 腐败变质、油脂酸败、霉变生虫、污秽不洁、混有异物、掺假掺杂或者感官性状异常的食品；

5. 病死、毒死或者死因不明的禽、畜、兽、水产动物肉类及其制品；

6. 未经动物卫生监督机构检疫或者检疫不合格的肉类，或者未经检验或者检验不合格的肉类制品；

7. 被包装材料、容器、运输工具等污染的食品；

8. 超过保质期的食品；

9. 无标签的预包装食品；

10. 国家为防病等特殊需要明令禁止生产经营的食品；

11. 其他不符合食品安全标准或者要求的食品。

二、选择食品供应商的要求

只有符合要求的供应商才能提供安全和质量稳定的食品原料，因此供应商的选择是保证食品安全的第一步。

1. 供应商应该具有生产或销售相应种类食品的许可证。这是在选择供应商时最先应予以考虑的。

2. 供应商应该具有良好的食品安全信誉。

3. 供应商为食品销售单位的，要了解所采购食品的最初来源。加工产品应由供应商提供产品生产单位的《食品生产许可证》，食用农产品也应要求提供具体的产地。

4. 不定期到实地检查供应商，或抽取准备采购的原料送到实验室进行检验。实地检查的重点包括食品库房、运输车辆、管理体系等，对于生产单位还应对生产现场进行检查。

5. 对于大量使用的食品原料，除应建立相对固定的原料供应商和供应基地外，建议对于每种原料还应确定备选的供应商，以便在一家供应商因各种情况停止供货时，能够及时从其他供应商处采购到符合要求的原料，而不会发生原料断货或者安全质量失控的情况。

三、索证索票、查验记录要求

《餐饮服务食品安全监督管理办法》第十二条规定餐饮服务提供者应当建立食品、食品原料、食品添加剂和食品相关产品的采购查验和索证索票制度。

1. 餐饮服务提供者从食品生产厂家、批发市场等采购的，应当查验、索取并留存供货者的相关许可证和产品合格证明等文件；从固定供货商或者供货基地采购的，应当查验、索取并留存供货商或者供货基地的资质证明、每笔供货清单等；从超市、农贸市场、个体经营商户等采购的，应当索取并留存采购清单。

2. 餐饮服务企业应当建立食品、食品原料、食品添加剂和食品相关产品的采购记录制度。采购记录应当如实记录产品名称、规格、数量、生产批号、保质期、供货者名称及联系方式、进货日期等内容，或者保留载有上述信息的进货票据。

3. 餐饮服务提供者应当按照产品品种、进货时间先后有序整理采购记录，妥善保存备查。记录、票据的保存期限不得少于2年。

4. 实行统一配送经营方式的餐饮服务提供者，可以由企业总部统一查验供货者许可证和产品合格的证明文件等，建立食品进货查验记录。

5. 实行统一配送经营方式的，企业各门店应当建立总部统一配送单据台账。

6. 采购需冷藏或冷冻的食品时，应冷链运输。

7. 入库前，餐饮服务提供者应当查验所购产品外包装、包装标识是否符合规定，与购物凭证是否相符，并建立采购记录。鼓励餐饮服务提供者建立电子记录。出库时应做好记录。

8. 长期定点采购的，餐饮服务提供者应当与供应商签订包括保证食品安全内容的采购供应合同。

9. 从食品流通经营单位（商场、超市、批发零售市场等）和农贸市场采购畜禽肉类的，应当查验动物产品检疫合格证明原件；从屠宰企业直接采购的，应当索取并留存供货方盖章（或签字）的许可证、营业执照复印件和动物产品检疫合格证明原件。

10. 采购进口食品、食品添加剂的，应当索取口岸进口食品法定检验机构出具的与所购食品、食品添加剂相同批次的食品检验合格证明的复印件。

四、查验有关票证

查验有关票证是法律的要求，提供有关的证明材料和证件是供应商的义务，索取有关的证明材料和证件是食品经营者的责任。同时，索证也是采购者维护自身利益的手段，一旦有情况发生，可以凭借所取得的有关材料协助执法人员追溯责任，同时依法追偿可能发生的经济损失。

（一）采购原料前应查验有关证明

查验食品生产许可证、食品流通许可证、检验合格证、检疫合格证明等。

（二）索取购物凭证

为便于溯源，采购时应索取并保留购物发票或凭证备查；送货上门的，必须确认供货方有相关许可证，并留存对方的联系方式，以便万一发生问题时可以追溯。切不可贪图价格便宜和省事，随意购进无证商贩送来的食品或来路不明的食品原料。

（三）索证注意事项

1. 许可证的经营范围应包含所采购的食品原料。

2. 检验合格证上产品的名称、生产厂家、生产日期或批号等与采购的食品应一致。

3. 送货单、检疫合格证明上的日期、品种、数量应与供应的食品相符。

4. 建立索证档案，妥善保存索取的各种证明。

五、食品质量验收的主要内容

验收是把握原料质量的关键环节。由于一部分的食品质量问题可以通过感官来进行鉴别，一旦发现问题可以拒收，从而减少不安全隐患。验收主要内容包括：

（一）运输车辆检查

1. 车厢是否清洁。

2. 是否存在可能导致交叉污染的情形。

3. 应低温保存的食品，是否采用冷藏车或保温车运输。

（二）相关证明检查

除生产、经营许可证外的其他证明，都应在验收时要求供应商提供，并做到货证相符。

（三）温度检查

验收时应按以下要求检查食品温度：

1. 产品标注保存温度。

2. 散装食品或没有标注保存温度条件的，具有潜在危害的食品应冷冻或冷藏条件下保存，热的熟食应保存在 60 ℃以上。

3. 测量时，包装食品应将温度计放在两个食品包装之间，散装食品应把温度计插入食物中心部分。

4. 为避免污染食品，温度计使用前应进行清洁，测量直接入口食品的还应进行消毒。

（四）食品包装标签检查

食品的标签是否包括以下重要内容：

1. 名称、规格、净含量、生产日期；

2. 成分或者配料表；

3. 生产者的名称、地址、联系方式；

4. 保质期；

5. 产品标准代号；

6. 贮存条件；

7. 所使用的食品添加剂在国家标准中的通用名称；

8. 生产许可证编号；

9. 法律、法规或者食品安全标准规定必须标明的其他事项，加工食品标签上应有“QS”标志。

专供婴幼儿和其他特定人群的主辅食品，其标签还应当标明主要营养成分及其含量。

（五）感官检查

感官检查是卫生质量鉴定的第一步。食品的感官检查，就是通过人的视觉、嗅觉、触角和味觉直接检查食品形态、色泽、气味、滋味等感观性状的一种检查方法。这种方法简单易行，采购人员通过对食品看、嗅、触、尝，通常可以对食品卫生质量做出初步判断。如某些感官性状改变不明显而又怀疑其质量的，则可报请当地卫生行政部门进行检测。常见的几种检查方法如下：

1. 一般性检查。首先应观察其是否保持固有的形态和色泽，看有否异物和污染物。对定型包装食品或原料应检查其外包装是否清洁，有无破损；食品是否外泄、外露；包装材料是否符合卫生要求；包装与内容物是否相符。

2. 视觉检查。各种食品都有其自身固有的特征，检查时，应选有代表性的样品，在充足的自然光条件下，观察食品的颜色和外观形态。为便于检查，有时需要多转几个方向或角度，或要倒过来，以便发现混浊和沉淀现象。

3. 嗅觉检查。嗅觉检查是通过嗅觉器官来判别食品的气味有无异常的方法。嗅觉检查时不能用鼻子直嗅食品，只能将食品靠近鼻子，用手将气味往鼻子方向扇动后嗅。有的食品是从深部开始变质的，一般无法从表面嗅出气味，只能用工具插入其深部或用刀切开再嗅。有的瓶装食品轻度变质，必须在刚打开瓶盖的瞬间测试，以免气体散失。必须严格区分食品本身的特殊气味和异常气味的差别，不能将本身的气味当成异味，更不能将异味误以为是本身的气味。

4. 触觉检查。就是用手触及食品，检查其硬度、弹性等组织形态改变的方法。一般因被检查品种不同而方法各异。比如对畜禽肉，一般用手食指将肌肉组织向下压一凹陷，凡是新鲜的，凹陷很快消失；腐败变质的肉，因失去弹性致凹陷不能复原。对鱼等水产品可用手指拨动鱼体，鱼鳞易脱落的往往已经变质；也可以用手将鱼中间部位托起，如鱼头和尾巴下垂，也是变质的结果。对面粉，应抓一把面粉在手中用劲捏，手指松开后，恢复粉状原样的说明质地好，凝结成块且搓不开的说明已变质。

5. 味觉检查。味觉检查是通过味觉器官区别食品滋味有无异常的方法。味觉检查首先要清洗口腔（如漱口等），保持味觉器官的敏感。检查时，先用舌尖轻轻地沾少许食品，然后在口腔内细细品尝食品的滋味，并有意识地将品尝到的滋味与色泽、气味联系起来综合判定。对经其他感官检查判定为腐败食品、“胖听”的罐头食品或疑似中毒食品，均不能用此检查方法，以防意外。

六、食品添加剂的采购、使用要求

（一）食品添加剂的含义

按照卫生部颁布的《食品添加剂使用卫生标准》（GB 2760—2011），食品添加剂的定义为：“为改善食品品质和色、香、味，以及为防腐和加工工艺的需要而加入食品中的人工合成或天然物质。营养强化剂、食品用香料、胶基糖果中基础剂物质、食品工业用加工助剂也包括在内”。根据上述定义，它可以不是食物，也不一定具有营养价值，它的添加不仅不能影响食品的营养价值，而且具有防止食品腐败变质、增强食品感官性状、提高食品质量的作用。

（二）常用的食品添加剂

餐饮业常用的食品添加剂主要包括：

1. 面食制作中使用的膨松剂；

2. 糕点制作中使用的膨松剂、泡打粉、乳化油；

3. 肉类食品加工中使用的嫩肉粉、小苏打；

4. 食品着色用的色素；

5. 腌腊肉、肴肉制作中使用的亚硝酸盐等。

（三）食品添加剂采购注意事项

除符合上述各项采购要求外，食品添加剂在采购时还应注意：

1. 食品添加剂有单一品种和复合品种之分。单一品种是《食品添加剂使用卫生标准》（GB 2760—2011）中列出的品种，如小苏打、亚硝酸盐及胭脂红、柠檬黄等色素；复合品种是由 2 种以上单一品种的食品添加剂经物理混匀而成的产品，上述膨松剂、泡打粉、乳化油、嫩肉粉、果绿等色素均属此类。

2. 《食品添加剂使用卫生标准》中规定了各种允许使用的单一品种的食品添加剂及其允许使用的食品范围和在各种食品中的使用限量；复合食品添加剂中各单一品种也应符合该标准。

3. 根据《食品添加剂卫生管理办法》的要求，食品添加剂标签上除应标注与食品标签相同的内容外，还应标注“食品添加剂”字样及明确的可使用的食品范围、使用限量和使用方法，复合食品添加剂配方中还应同时标示出各单一品种的名称。采购食品添加剂时，可查阅《食品添加剂使用卫生标准》，确定是否为允许使用的品种。

4. 食品添加剂生产单位的生产许可证上核准生产的食品添加剂品种前应标注“食品添加剂”。

（四）食品添加剂使用、储存要求

1. 食品添加剂应专人采购、专人保管、专人领用、专人登记、专柜保存。

2. 食品添加剂应存放在固定场所（或橱柜），标识“食品添加剂”字样，盛装容器上应标明食品添加剂名称。

3. 食品添加剂的使用应符合国家有关规定，采用精确的计量工具称量，并有详细记录。

（五）食品添加剂备案和公示要求

1. 自制火锅底料、饮料、调味料的餐饮服务提供者应向监管部门备案所使用的食品添加剂名称，并在店堂醒目位置或菜单上予以公示。

2. 采取调制、配制等方式自制火锅底料、饮料、调味料等食品的餐饮服务提供者，应在店堂醒目位置或菜单上公示制作方式。

（六）禁止使用食品添加剂的情形

《食品添加剂卫生管理办法》规定：禁止以掩盖食品腐败变质或以掺杂、掺假、伪造为目的而使用食品添加剂。如在肉品的加工中加入香料虽符合《食品添加剂使用卫生标准》的要求，但若肉品在加工前已经有腐败变质的迹象，加入香料是为掩盖异味，这种行为属禁止情形；又如在绿豆糕中加入绿色素使之更鲜艳，是以伪造为目的而使用食品添加剂，也属禁止情形。

第二节　食品贮存卫生要求

食品贮存是食品生产经营活动中的一个重要环节，食品贮存的作用不仅是存放食品及食品原料，更重要的是防止腐败变质，保证食品质量。因为食品在贮存保管过程中因受自然界的影响，往往会发生不同程度的质量变化，其变化程度较大的可以从感官上辨别，如粮食发霉、生虫，肉、鱼、禽、蛋的腐臭，牛奶的变酸结块，蔬菜和水果的腐烂，油脂的酸败等。因此，食品在贮存期间，应妥善保管，使其不发生严重质量变化，这对满足供应、促进生产、保障

消费者健康有重要意义。

一、贮存要求

贮存食品原料的场所、设备应当保持清洁，禁止存放有毒、有害物品及个人生活物品，应当分类、分架、隔墙、离地均在 10 cm 以上存放食品原料，并定期检查、处理变质或者超过保质期限的食品。

1. 食品和非食品（不会导致食品污染的食品容器、包装材料、工具等物品除外）库房应分开设置。

2. 食品库房应根据储存条件的不同分别设置，必要时设冷冻（藏）库。

3. 同一库房内储存不同类别食品和物品的应区分存放区域，不同区域应有明显标识。

4. 库房构造应以无毒、坚固的材料建成，且易于维持整洁，并应有防止动物侵入的装置。

5. 库房内应设置足够数量的存放架，其结构及位置应能使储存的食品和物品距离墙壁、地面均保持 10 cm 以上，以利空气流通及物品搬运。

6. 除冷冻（藏）库外的其他库房应有良好的通风、防潮、防鼠等设施（高 50 cm 的防鼠板、有有效鼠药的毒饵盒）。

7. 冷冻（藏）库应设可正确指示库内温度的温度计，宜设外显式温度（指示）计。

8. 冷藏、冷冻柜（库）应有明显区分标识。冷藏、冷冻贮存应做到原料、半成品、成品严格分开放置，植物性食品、动物性食品和水产品分类摆放，不得将食品堆积、积压存放。冷藏、冷冻的温度应分别符合相应的温度范围要求。

9. 贮存散装食品应当在储存位置标明食品的名称、生产日期、保质期、生产者名称及联系方式等内容。

二、开展定期检查与清理

食品经营者应当按照保证食品安全的要求贮存食品，定期检查库存食品（查验食品的生产日期和保质期），及时清理变质或者超过保质期的食品：

1. 食品原料、食品添加剂的使用应遵循“先进先出”的原则，及时清理销毁变质和过期的食品原料及食品添加剂。

2. 无标签的预包装食品。

3. 冷藏、冷冻柜（库）应定期除霜、清洁和维修，校验温度（指示）计。检查冷库（冰箱）运转和温度状况，可从以下几方面检查：

（1）压缩机工作状况是否良好。

（2）是否存在较厚的积霜（可能会影响制冷效果）。

（3）冷库（冰箱）内是否留有空气流通的空隙。食品堆积、挤压存放会妨碍冷空气传导，无法确保食品中心温度达到要求。

4. 冷库（冰箱）内温度是否符合要求。

三、“先进先出”的具体措施

“先进先出”的原则是保证所贮存食品新鲜程度的有效方法，以下几种做法可供参考：

1. 对每批原料出入库情况进行登记，登记的内容包括品名、批号、保质期、入库日期、出库日期、入库数量、出库数量、结存数量等。

2. 经常性对贮存的食品原料进行检查。对于接近保质期限的原料，可以在外包装上贴上醒目标识，表示要优先使用。

3. 经常整理储存的货物，将较早加工的食品放置于较晚加工食品的前方，使员工提货时最容易拿到早加工食品。

4. 制定管理制度，使员工提货时必须核对登记卡。

四、冷藏或冷冻保存具有潜在危害的食品

在操作中执行这一原则时，应时刻记住尽可能缩短具有潜在危害的食品在危险温度带的滞留时间。食品在常温下进行采购验收、原料加工后，应尽快冷藏或冷冻。从冷库（冰箱）取出食品进行原料加工，应少量多次，取出一批，加工一批。

五、贮存时避免交叉污染

1. 食品应在专用场所贮存。除不会导致食品污染的食品容器、包装材料、工具等物品外，其他物品都不应和食品同处存放。

2. 冰箱内食品贮存应做到原料、半成品、成品分开，不得在同一冰室内存放，并应在冰箱外标明存放食品的种类（原料、半成品或成品）。

3. 冷库内可同时存放食品原料和半成品，但冷库内部应有隔断设施，并应严格进行存放场所的分区。

4. 贮存的食品应装入密封的容器中或妥善进行包裹。

六、适宜贮存温度和要求

1. 低温可降低或停止食品中微生物的增殖速度，绝大多数致病菌和腐败菌的生长繁殖能力在低温条件下大为减弱，食品中酶活力和化学反应速度也同时降低，但通常这些过程不会完全停止。

2. 对于具有潜在危害的食品，冷藏只能在有限的时间内保持其质量。

3. 一般来说，冷藏的温度越低，食品就越安全，因此应尽可能降低温度。

4. 不同食品的适宜保存温度条件不同，肉类、水产品和禽类所需要的保存温度较蔬菜、水果低。如果条件允许，贮存这两类食品的冷库（冰箱）应分开；如不能分开，则应将肉类、水产品和禽类放置在冷库（冰箱）内温度较低的区域，并尽可能远离冷库（冰箱）门。

5. 冷库（冰箱）内的环境温度至少应比食品中心温度低 1 ℃。

6. 严禁将热的食品放到冰箱内。因为这将会升高冰箱内部的温度，使其他食品处于危险温度条件之下。

7. 冷库（冰箱）不应超负荷存放食品。

8. 冷库（冰箱）的门应经常保持关闭。

第三节 食品加工卫生要求

一、粗加工与切配要求

1. 加工前应认真检查待加工食品，发现有腐败变质迹象或者其他感官性状异常的，不得加工和使用。

2. 食品原料在使用前应洗净，动物性食品原料、植物性食品原料、水产品原料应分池清洗，禽蛋在使用前应对外壳进行清洗，必要时进行消毒。

3. 易腐烂变质食品应尽量缩短在常温下的存放时间，加工后应及时使用或冷藏。

4. 切配好的半成品应避免受到污染，与原料分开存放，并应根据性质分类存放。

5. 切配好的半成品应按照加工操作规程，在规定时间内使用。

6. 用于盛装食品的容器不得直接放置于地面，以防止食品受到污染。

7. 生熟食品的加工工具及容器应分开使用并有明显标识。

二、烹饪要求

1. 烹饪前应认真检查待加工食品，发现有腐败变质或者其他感官性状异常的，不得进行烹饪加工。

2. 不得将回收后的食品经加工后再次销售。

3. 需要熟制加工的食品应烧熟煮透，其加工时食品中心温度应不低于 70 ℃。

4. 加工后的成品应与半成品、原料分开存放。

5. 需要冷藏的熟制品，应尽快冷却后再冷藏，冷却应在清洁操作区进行，并标注加工时间等。

6. 用于烹饪的调味料盛放器皿宜每天清洁，使用后随即加盖或苫盖，不得与地面或污垢接触。

7. 菜品用的围边、盘花应保证清洁新鲜、无腐败变质，不得回收后再使用。

三、备餐及供餐要求

1. 在备餐专间内操作应符合要求。

2. 供应前应认真检查待供应食品，发现有腐败变质或者其他感官性状异常的，不得供应。

3. 操作时应避免食品受到污染。

4. 分拣菜肴、整理造型的用具使用前应进行消毒。

5. 用于菜肴装饰的原料使用前应洗净消毒，不得反复使用。

6. 在烹饪后至食用前需要较长时间（超过 2 小时）存放的食品应当在高于 60 ℃或低于 10 ℃的条件下存放。

四、专间加工要求

专间包括凉菜间、裱花间、备餐专间、盒饭分装专间等，是餐饮业清洁程度要求最高的场所。

1. 制售冷荤凉菜、裱花蛋糕、生食海产品等的专间温度应保持在 25 ℃以下，同时应做到专人、专室、专用工具、专用消毒设备、专用冷藏设备、专用独立空调设备。

2. 加工前应认真检查待加工食品，发现有腐败变质或者其他感官性状异常的，不得进行加工。

3. 非操作人员不得擅自进入专间。

4. 专间每餐（或每次）使用前应进行空气和操作台的消毒。使用紫外线灯消毒的，应在无人工作时开启 30 分钟以上，并做好记录。

5. 专间内专用的设备、工具、容器，用前应消毒，用后应洗净并保持清洁。

6. 供配制凉菜用的蔬菜、水果等食品原料，未经清洗处理干净的，不得带入凉菜间。

7. 制作好的凉菜应尽量当餐用完。剩余尚需使用的应存放于专用冰箱中冷藏或冷冻，食用前要进行再加热。

8. 植脂奶油裱花蛋糕储藏温度在（3±2）℃，蛋白裱花蛋糕、奶油裱花蛋糕、人造奶油裱花蛋糕储藏温度不得超过 20 ℃。

9. 加工后的生食海产品应当放置在密闭容器内冷藏保存，或者放置在食用冰中保存并用保鲜膜分隔。放置在食用冰中保存时，加工后至食用的间隔时间不得超过 1 小时。

五、饮料现榨及水果拼盘制作要求

1. 从事饮料现榨和水果拼盘制作的人员操作前应清洗、消毒手部，操作时佩戴口罩。

2. 用于饮料现榨及水果拼盘制作的设备、工具、容器应专用。每餐次使用前应消毒，用后应洗净并在专用保洁设施内存放。

3. 用于饮料现榨和水果拼盘制作的蔬菜、水果应新鲜，未经清洗处理的不得使用。

4. 用于制作现榨饮料、食用冰等食品的水，应为通过符合相关规定的净水设备处理后或煮沸冷却后的饮用水。

5. 制作现榨饮料不得掺杂、掺假及使用非食用物质。

6. 制作的现榨饮料和水果拼盘当餐不能用完的，应妥善处理，

不得重复利用。

六、面点制作要求

1. 加工前应认真检查待加工食品，发现有腐败变质或者其他感官性状异常的，不得进行加工。

2. 需进行热加工的应按要求进行操作。

3. 未用完的点心馅料、半成品，应冷藏或冷冻，并在规定存放期限内使用。

4. 奶油类原料应冷藏存放。水分含量较高的含奶、蛋的点心应在高于 60 ℃或低于 10 ℃的条件下储存。

七、烧烤加工要求

1. 加工前应认真检查待加工食品，发现有腐败变质或者其他感官性状异常的，不得进行加工。

2. 原料、半成品应分开放置，成品应有专用存放场所，避免受到污染。

3. 烧烤时应避免食品直接接触火焰。

八、食品再加热要求

1. 保存温度高于 60 ℃或低于 10 ℃、存放时间超过 2 小时的熟食品，需要再次利用的应充分加热。加热前应确认食品未变质。

2. 冷冻熟食品应彻底解冻后经充分加热方可食用。

3. 加热时食品中心温度应符合规定，不符合加热标准的食品不得食用。

4. 食品再加热不要超过一次，再加热后仍未食用完的食品应废弃。

九、食品留样要求

留样食品应按品种分别盛放于清洗消毒后的密闭专用容器内，并放置在专用冷藏设施中，在冷藏条件下存放48小时以上，每个品种留样量应满足检验需要，不少于100克，并记录留样食品名称、留样量、留样时间、留样人员、审核人员等。

十、食品加工注意事项

（一）去除有害物和污染物

餐饮业所用的食品原料中有相当一部分为农产品，因此原料的挑拣、清洗就成为加工过程中的第一道工序。本工序除对食品原料进行挑拣整理以去除不可食部分并清洗干净外，各类食品原料在加工中还应注意：

1. 不加工已死亡的河蟹、蟛蜞、螯虾、黄鳝、甲鱼、乌鱼、贝壳类以及一矾或二矾海蜇等水产品。

2. 发芽的马铃薯含有毒素，在加工时要注意检查。

3. 叶菜应将每片菜叶摘下后彻底清洗，因污物可能会进入菜的中心部分。

4. 为去除蔬菜中可能含有的农药，可先以食品洗涤剂（洗洁精）溶液浸泡30分钟后再冲净，烹调前再经烫泡1分钟。在夏季蔬菜虫害高发期可使用此方法减少可能的农药残留。

5. 鲜蛋应在洗净后打入另外的容器内，经检查未变质的再倒入集中盛放蛋液的容器中。

（二）食品解冻的正确方法

在室温下进行食品原料的解冻，会使食品长时间处在危险温度带之下，食品原料中的微生物将迅速生长繁殖。因此，正确的解冻方法应使食品原料不通过或在尽可能短的时间内通过危险温度带，包括：

1. 在 5 ℃或更低的温度条件下进行解冻。这种解冻方法所需的时间较长，有时需花费数天，因此必须事先对原料的使用有妥善的安排。

2. 将需解冻的食品原料浸没在 20 ℃以下的流动水中解冻。这种解冻方法所需的时间较短，但应注意水的温度和必须使用流动水。

3. 微波解冻。这种解冻方法只适用于立即就要加工食品的解冻，并且解冻的食品应该体积较小，因为体积过大的食品（如整只鸡）用微波的解冻效果常不佳。

4. 将冷冻食品原料直接烹调。这种做法因冷冻食品需要吸收较大热量，如按照常规非冷冻食品加工的程序，易造成食品外熟内生的情况，因此必须确保食品中心温度达到要求。

5. 在解冻环节，尤其注意不应反复对食品进行解冻、冷冻，因为这样会造成食品反复经过危险温度带，使微生物大量繁殖。同时，反复解冻、冷冻对食品的品质和营养也有较大影响。

（三）加工潜在危害食品原料的要点

对肉类、水产、禽类等具有潜在危害的食品，挑拣、解冻、清洗、切配后应及时在 5 ℃以下冷藏，避免此类食品在常温条件下存放时间较长，引起微生物大量繁殖。

1. 如这些加工环节并非连续进行，前一工序完成后应及时将食品原料冷藏，待下一工序开始前再取出。例如清洗后需间隔数小时再集中进行切配的，应先冷藏，待切配时再取出。

2. 鲐鱼（青专鱼）、金枪鱼、沙丁鱼、秋刀鱼等青皮红肉鱼在加工中尤其应注意鲜度，及时进行冷藏，避免因产生组胺而引起食物中毒。

第四节　食品检验卫生要求

1. 集体用餐配送单位和中央厨房应设置与生产品种和规模相适应的检验室，配备与产品检验项目相适应的检验室设备和设施、专用留样容器、冷藏设施。

2. 检验室应配备经专业培训并考核合格的检验人员。

3. 鼓励大型以上餐馆（含大型餐馆）、学校食堂配备相适应的检验设备和人员。

第五节　备餐卫生要求

一、备餐温度和时间控制要求

集体用餐配送的食品不得在 10 ℃～60 ℃的温度条件下贮存，从烧熟至食用的间隔时间（保质期）应符合以下要求：

烧熟后 2 小时的食品中心温度保持在 60 ℃以上（热藏）的，其保质期为烧熟后 4 小时。

烧熟后 2 小时的食品中心温度保持在 10 ℃以下（冷藏）的，保质期为烧熟后 24 小时，供餐前食品应烧熟煮透，其加工时食品中心温度应不低于 70 ℃。不符合加热标准的食品不得食用。

1. 食品加工后立即食用是备餐中保证食品安全的最佳选择，如不能做到就必须采用热藏或冷藏方式备餐，采用常温备餐的应严格控制时间。

2. 按照供应量的需要，适量准备食物，减小因食品保存时间过长而带来的食品安全风险。

3. 使用温度计测量食品中心温度。应注意备餐设备如有温度显示装置，显示的是设备的温度，而非食品的温度。

4. 冷藏和热藏备餐中至少每 2 小时测量一次食品的中心温度，温度低于 60 ℃或高于 10 ℃（最好是 5 ℃）的食品应予放弃。

二、备餐操作人员卫生要求

1. 备餐人员上岗前手部应清洗、消毒，备餐专间内人员应按专间人员卫生的要求着装。进行菜肴分派、造型整理等人员操作时最

好戴上清洁的一次性手套。

2. 所有餐具可能接触食品的区域（内面）都不要被手污染。不要将餐具堆叠。

3. 按照规范进行操作。

4. 操作人员应认真检查待供应食品，发现有感官性状异常的，不得供应。

三、热藏、冷藏和常温备餐卫生要求

（一）热藏备餐

1. 具有潜在危害的食品以热藏方式备餐的，必须至少在 60 ℃以上保存。

2. 使用热藏设备（如水浴备餐台、加热柜等）保证备餐期间食品温度保持在 60 ℃以上。

3. 备餐期间定期搅拌食品使热量均匀分布。

4. 热藏设备一般不能用来再加热食物。

（二）冷藏备餐

1. 具有潜在危害的食品以冷藏方式备餐的，必须在 10 ℃（最好是 5 ℃）以下保存。

2. 使用冷藏设备保证备餐期间食品温度保持在 10 ℃（最好是 5 ℃）以下。

3. 不要将食品直接放置在冰上，而应装在容器中再放在冰上。

（三）常温备餐

直接入口的具有潜在的危害的食品如在常温条件下，应按以下要求备餐：

1. 食品完成熟制加工后必须在 2 小时内食用。

2. 建议在容器上标识加工时间，以便对超过 2 小时的食品进行处理（废弃或再加热）。

3. 向容器中添加食物时，应尽量等前批食物基本用完后再添加新的一批，不应将不同时间加工的食物混合；剩余的少量食品应添加在新的食品的表层，尽量做到先制作的食品先食用。

第六节　食品配送卫生要求

1. 应配备可以避免食品处于危险温度带下的存放设备和运输车辆，如冷藏车、保温车、冷藏箱、保温箱。运输集体用餐的车辆应配备符合条件的冷藏或加热保温设备或装置，使运输过程中食品的中心温度保持在 10 ℃以下或 60 ℃以上。

2. 车辆应保持清洁，每次运输食品前应进行清洗消毒，在运输装卸过程中也应注意保持清洁，运输后进行消洗，防止食品在运输过程中受到污染。

3. 食品容器在设备内应能固定。

4. 运到就餐地点后及时检查食品中心温度，对不能使温度控制在规定范围内的，应作出相应的处理（如废弃）。

清洁、消毒卫生要求

如果加工场所不能维持清洁卫生，食品很容易就会受到污染。不清洁的场所存在大量的细菌、病毒等微生物，无论您在处理食物时如何小心，由于这些微生物很容易在加工环境中播散，在这样的场所加工的食品风险通常都较大。

第一节　基本概念

一、消　　毒

杀灭或清除传播媒介上病原微生物，使其达到无害化的处理。

二、清　　洁

清洁一般是用水、清洁剂（也可不使用）去除可见的污垢。

三、消毒和清洁的区别

清洁意味着去除可见的污物，消毒则是清除有害细菌、病毒。操作的任何场所、食品接触面都必须经过清洗，接触直接入口食品的工具、餐具还必须进行消毒。

第二节　场所、设施、设备清洁

一、场所设施清洁

1. 应建立加工经营场所及设施清洁和维修保养制度。包括清洁、维修保养项目、维修保养频率、所使用的物品和清洁/维修保养方法等，不同加工经营场所及设施的清洁、维修保养卫生管理应有专人负责；各岗位相关人员按规定开展清洁维护工作，使场所及各项设施随时保持清洁。

2. 要做好场所和设施的合理维护和使用，防止食品加工经营场所与设施挪作他用而受到非食品的污染。餐饮单位应按要求的频率对场所及设施的清洁效果和维护保养情况等进行自查并做好记录，确保场所和设施清洁卫生和始终处于良好运行状态。同时，应注意食品加工经营场所和设施必须做到专用，不得存放或用于加工制作与食品无关的物品，尤其是有毒、有害的物品。

为保证场所的清洁，食品处理区不得存放与食品加工无关的物品。清洁制度应具体规定场所、设施、设备的工具清洁的频次、清洁的程序和方法以及负责每项清洁工作的人员。操作台清洁如图 6-1 所示。

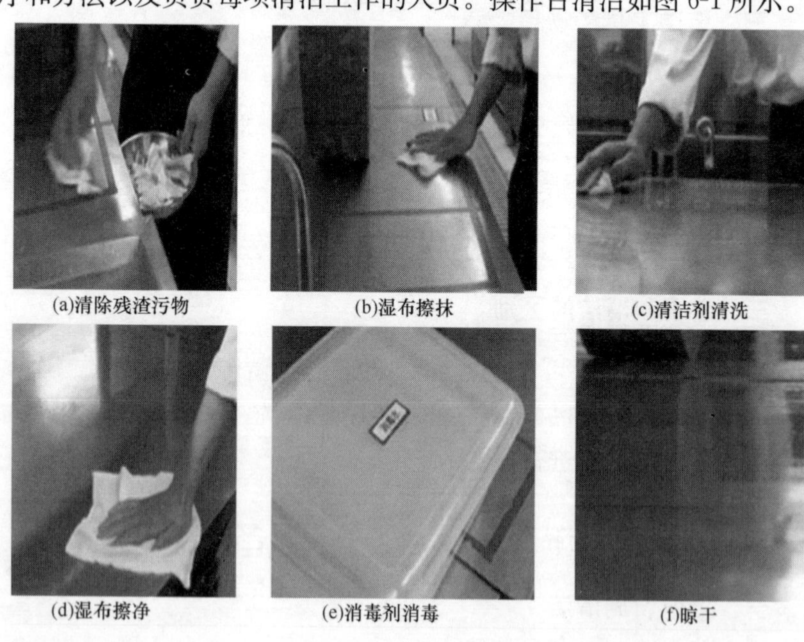

(a)清除残渣污物　(b)湿布擦抹　(c)清洁剂清洗

(d)湿布擦净　(e)消毒剂消毒　(f)晾干

图 6-1　操作台清洁

3. 贮存食品的场所、设备应当保持清洁。贮存食品的场所、设备如不清洁，就有使食品易受微生物或虫害污染的危险，导致食品腐败变质；如食品与有毒、有害物品（如杀虫剂消毒剂等）及个人生活用品等物品同场所存放，可能会误用或其他因素使食品受到污染（尤其是受到化学性有毒有害物的污染）而危害人体健康。

二、抹布使用要求

1. 应采用浅色布料制作，以便及时发现污物。

2. 使用不同的抹布擦拭不同的表面，如原料加工操作台、烹调加工操作台、厨房墙面、餐桌、冷菜间等应分别使用不同的抹布。擦拭不同表面的抹布宜用不同颜色或用其他标记区分。

3. 擦拭直接入口食品接触面的抹布应经过消毒。

三、清洁工具和物品的存放

1. 较为理想的是有专门的贮存间存放清洁工具和物品，如果不能做到，也应有专门的场所。

2. 清洗清洁工具用的水池应与清洗食品、餐具的水池分开设置。

3. 清洁工具应在清洗后再存放。

4. 清洗后的清洁工具应采用吊挂等方式自然晾干。

四、化学物品的存放

1. 严禁将化学药品、洗涤剂或者杀虫剂与食物、厨房用具或者设备存放在一起。这些物品必须放置在固定的场所（或橱柜）并上锁，明确专人保管。

2. 在每件化学药品上贴有醒目标签、包装上应有明显的警示标志。最好将化学药品存放在原包装的瓶子或盒子中。

第三节 餐用具清洗消毒

一、餐用具清洗

餐具和直接入口食品工用具（统称餐用具）的清洗是餐用具消毒的基础，凡需要消毒的物品都必须先进行清洗，清洗可去除污物和大部分微生物，清洗不好将影响消毒效果，因此，不能忽视餐用具清洗的重要性。清洗餐用具要有固定的场所，有专用水池，与食品原料、清洁用具及接触非食品的工具、容器清洗水池分开。在餐具清洗池附近须放置带盖的废弃物容器，以便收集剩余在餐具上的食物残渣。

二、餐用具消毒

1. 常用消毒方法

常用消毒方法有物理消毒和化学消毒两种。物理消毒包括蒸汽、煮沸、红外线等热力消毒方法；化学消毒主要为使用各种含氯消毒药物。由于热力消毒方法可靠、安全、无药物残留且物体表面干燥，因此餐用具提倡用热力消毒，同时清洗消毒设备设施的大小和数量应能满足需要。使用消毒剂消毒的餐具必须将餐具再用清水冲洗，以去除餐具上残留的消毒液，因此采用化学消毒的，至少设有 3 个水池，提倡设置 4 个专用水池，分别用于为餐用具初洗、清洗、浸泡消毒和消毒液残留冲洗，各类水池应以明显标识表明其用途。

2. 消毒要求

餐用具使用后应及时清洗，使用前消毒并保持清洁；一次性餐具用具无法清洗，不得反复使用。餐具用具清洗前应先对水池进行清洁和消毒，定时测量有效消毒浓度。消毒后的餐具用具应晾干或烘干，不要用毛巾擦干，以免餐具用具收到污染。消毒场所应张贴

清洗消毒示意图，如图 6-2 所示。

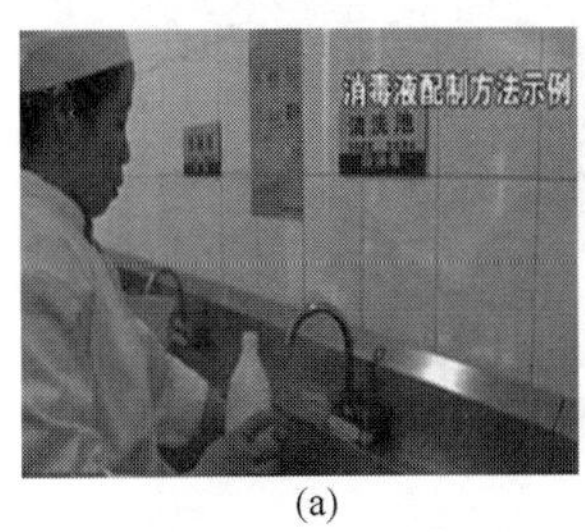

(a)

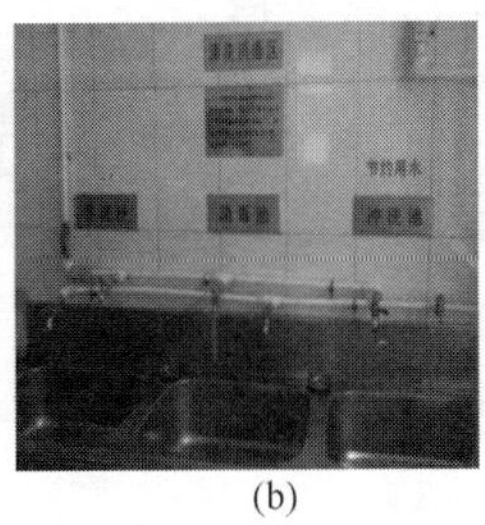

(b)

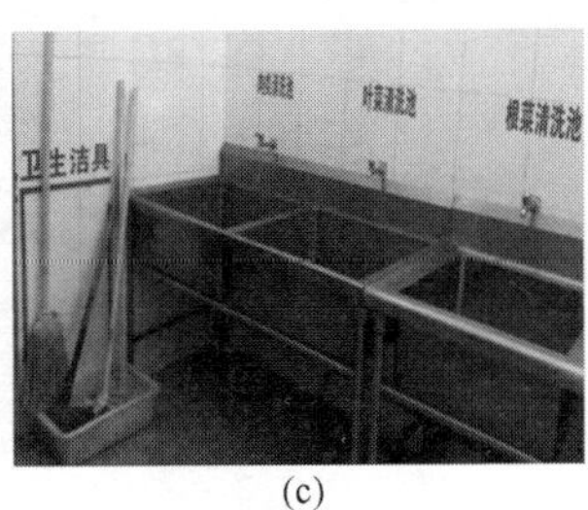

(c)

图 6-2　清洗消毒示意图

3. 化学消毒步骤

分 6 个步骤，即去残渣、清洗、过洗、消毒、清水冲洗、晾干或烘干。

4. 消毒液配制

配制前应先放入一定量的水，再标记刻度，然后计算配制相应浓度的消毒液所需消毒药剂的数量；配制时将水加至刻度线后，加入相应水量的消毒药剂即可；如消毒药为片剂应先碾碎后再加入，搅拌至充分溶解。

三、餐用具保存

经过消毒的餐用具要做好保洁工作，防止再污染，否则就失去了消毒的意义。因此应设存放消毒后餐用具的保洁设施，经消毒的餐用具应及时放入保洁设施中。专用密闭保洁柜应标记“已消毒保洁柜”字样；保洁柜应定期清洁，保持干净。保洁柜内应垫有干净清洁的保洁布，保洁布定期清洗、消毒，保持其干燥、洁净；保洁柜内不得存放未经清洗消毒的餐具用具和杂物。工用具存放时应将食品接触面向下，如图 6-3 所示。

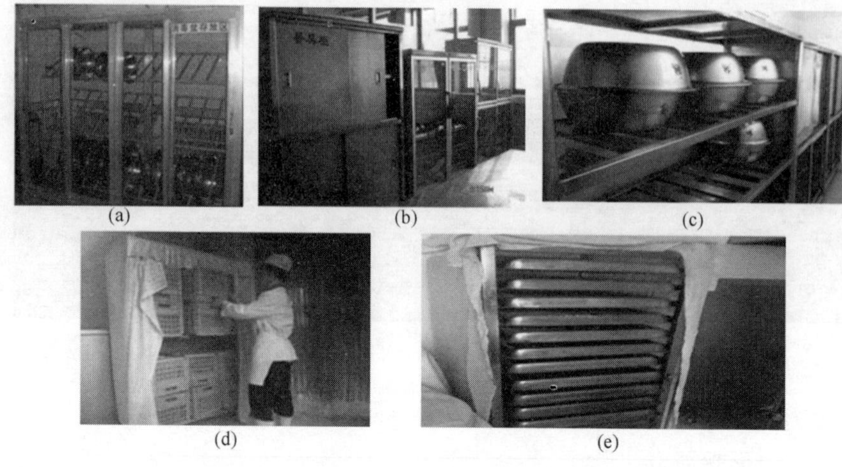
(a) (b) (c) (d) (e)

图 6-3　工用具存放示意图

第四节　推荐清洗消毒方法

一、人工清洗消毒

1. 在清洗之前，清洁和消毒所有水池和被清洗物品将要接触的表面。

2. 人工清洗及化学消毒方法

（1）剩饭、剩菜倒入垃圾桶内。

（2）在第一个水池内用热的洗涤剂水溶液清洗物品。

（3）第二个水池内用干净的温水冲洗物品。

（4）第三个水池内将被消毒的物品完全浸没于消毒液中，并保持规定的时间（含氯消毒液通常是在 250 毫克/升的溶液中浸泡 5 分钟）。用试纸测试消毒液浓度是否符合要求。

（5）用净水冲净消毒液残留。

（6）在贮存之前，采用空气干燥的方法晾干餐具，不要用毛巾擦干。

3. 人工清洗及热力消毒方法

（1）清洗方法同化学消毒中前三项，清洗后进行热力消毒。

（2）煮沸、蒸汽消毒一般应保持 100 ℃ 10 分钟以上，红外线消毒一般控制温度 120 ℃保持 10 分钟以上。消毒时餐具之间应留有一定的空隙。

二、洗碗机清洗消毒

目前市场上的洗碗机按消毒方式分热力消毒洗碗机和化学消毒洗碗机两种，按工作方式分罩式、传送式等多种。

（一）洗碗机清洗步骤

1. 检查机器以确保其干净和正常运转。

2. 将剩饭菜倒入垃圾箱中。如果有干的食物残渣沾在餐具表面，应该预先浸泡。

3. 将餐具放入机器中，并保证机器没有超负荷。

4. 在空气中干燥清洗后的餐具，不要用毛巾擦干。

5. 为了保证物品的正确消毒，一定要用温度计检查水温，或者是化学试纸检查消毒液的浓度。

（二）洗碗机使用注意事项

1. 热力消毒洗碗机最后步骤的冲洗水温一般应达到 85 ℃，冲洗消毒 40 秒以上。

2. 每天至少对洗碗机的清洁状况检查一次，重点是清洁剂贮存容器、喷嘴和塑料帘等可能影响到餐具卫生的部位。

3. 确保有足够的清洁剂和消毒剂。

4. 确保在消毒时餐具表面应朝向洗碗机的喷水孔。

5. 餐具应放置在洗碗机专用的架子上清洗，餐具之间要留有一定的空隙。

6. 定期检查水温和压力，使洗碗机时刻处于良好状态。

7. 对于不能放入洗碗机清洗的大型设备、用具，必须采用其他方法进行消毒。

餐饮服务提供者在确保消毒效果的前提下可以采用其他消毒方法和参数。

第五节 常用消毒剂及化学消毒注意事项

一、常用消毒剂

1. 漂白粉

主要成分为次氯酸钠，还含有氢氧化钙、氧化钙、氯化钙等。配制水溶液时应先加少量水，调成糊状，再边加水边搅拌成乳液，静置沉淀，取澄清液使用。漂白粉可用于环境、操作台、设备、餐用具及手部等的涂擦和浸泡消毒。

2. 次氯酸钙（漂粉精）

使用时充分溶解在水中，普通片剂应碾碎后加入水中充分搅拌溶解，泡腾片可直接加入溶解。使用范围同漂白粉。

3. 次氯酸钠

使用时在水中充分混匀。使用范围同漂白粉。

4. 二氯异氰尿酸钠（优氯净）

使用时充分溶解在水中，普通片剂应碾碎后加入水中充分搅拌溶解，泡腾片可直接加入溶解。使用范围同漂白粉。

5. 二氧化氯

因配制的水溶液不稳定，应在使用前加活化剂现配现用。使用范围同漂白粉。因氧化作用极强，应避免接触油脂，以防止加速其氧化。

6. 碘伏

0.3%～0.5%碘伏可用于手部浸泡消毒。

7. 新洁尔灭

0.1％新洁尔灭可用于手部浸泡消毒。

8. 乙醇

75％乙醇可用于手部或操作台、设备、工具等涂擦消毒。90％乙醇点燃可用砧板、工具消毒。

二、化学消毒注意事项

1. 使用的消毒剂应在保质期限内，并按规定的温度等条件贮存。

2. 严格按规定浓度进行配制，固体消毒剂应充分溶解。

3. 配好的消毒液定时更换，一般每4小时更换一次。

4. 使用时定时测量消毒液浓度，浓度低于要求时应立即更换或适量补加消毒液。

5. 保证消毒时间，一般餐用具消毒应作用5分钟以上。或按消毒剂产品使用说明操作。

6. 应使消毒物品完全浸没于消毒液中。

7. 餐用具消毒前应洗净，避免油垢影响消毒效果。

8. 消毒后以洁净水将消毒液冲洗干净，沥干或烘干。

食品安全管理制度和台账记录

第一节　食品安全管理制度

一、食品和食品添加剂采购索证验收管理制度

1. 餐饮服务经营者应建立食品采购索证、进货验收和台账记录制度，并指定一名具备食品卫生基本知识的专（兼）职人员负责食品索证索票、进货验收以及台账记录等工作。

2. 餐饮服务经营者应到证照齐全、并能提供合法检验合格报告或者由供货商签字（盖章）的检验报告复印件的食品生产经营单位或市场采购，向销售者或市场管理者索取的购物凭证（发票、收据、供货清单、信誉卡等）并留存备查。不得采购《食品安全法》第二十八条规定禁止生产经营的食品以及不能提供检验（检疫）报告或者检验（检疫）报告复印件的食品和食品原料。

3. 餐饮服务经营者从固定的供货商或供货基地采购的食品，应索取并留存供货商或供货基地的资质证明，并应与供货商或供货基地签订保证食品卫生质量的供货合同。

4. 在食品入库或使用前应核对所购食品与购物凭证是否相符，并进行台账记录。从供货商或供货基地采购食品并签订采购供货合同的，应留存每笔供货清单；从超市、农贸市场、个体经营商户等采购的，应索取并留存具有供货者盖章或签字的采购清单。

5. 餐饮服务经营者对索取的相关资料和验收记录，不得涂改、伪造，应按采购品种、进货时间先后顺序整理，妥善保存，其保存期限不少于 2 年。

二、食品储存管理制度

1. 食品和非食品库房应分开设置，并应根据食品储存条件的不同分别设置，同一库房内储存不同类别食品和物品的应区分存放，不同区域应有明显标识。

2. 餐饮服务经营者应设有专人管理食品储存库房，应按照食品入库、出库登记台账制度和库存食品定期清仓检查记录制度管理食品储存库房，遵循食品原料、食品添加剂使用“先进先出”的原则，定期检查、记录所储存食品的卫生质量，及时清理销毁变质和过期的食品原料及食品添加剂，防止食品过期、变质、霉变、生虫等。

3. 食品应当分类、分架存放，距离墙壁、地面均在 10 cm 以上，货架之间应有一定距离，中间留有运输货物的通道，做到食品、食品原料与成品；成品与半成品；正常食品与卫生质量有缺陷的食品；短期存放与较长时间存放的食品；具有异味的食品（海产品）和易于吸收气味的食品（如面粉、茶叶等）按标识分开存放。

4. 易腐食品应冷藏、冷冻保存。冷藏、冷冻柜（库）应有明显区分标识。冷藏、冷冻储存应做到原料、半成品、成品严格分开放置，植物性食品、动物性食品和水产品分类摆放，不得将食品堆积、挤压存放。冷藏、冷冻的温度应分别符合相应的温度范围要求。冷藏、冷冻柜（库）应定期除霜、清洁和维修，校验温度（指示）计。

5. 食品库房应设有防鼠、防蝇、防潮等设施，并经常保持通风，定期清扫，做到干燥和整洁。

6. 食品储存库房内不得存放有毒、有害物品以及腐败变质食品和有异味食品。

三、食品添加剂使用管理制度

1. 餐饮经营者对采购使用的食品添加剂应做到“专人采购、专人保管、专人领用、专人登记、专柜保存”。

2. 采购食品添加剂必须从经营证件齐全的单位购买，并向经销单位索取合法经营证件和产品的检验合格证明。所采购的食品添加剂必须有包装标识和产品说明书，标明“食品添加剂”字样，并明确使用范围、使用剂量和使用方法。经营证件不全的、标签或说明书内容不完整、不符合规定的不予采购。

3. 餐饮经营者对采购使用的食品添加剂应存放在标有“食品添加剂”字样的固定场所（或橱柜）处，盛装容器上应标明食品添加剂名称。

4. 餐饮经营者采购使用的食品添加剂应符合国家有关规定，配备精确的计量工具称量食品添加剂，并有详细的使用记录。

5. 餐饮经营者不得使用非食品添加剂加工食品，不得超范围和超标准计量使用食品添加剂，禁止以掩盖食品腐败变质或以掺杂、掺假、伪造为目的而使用食品添加剂。

四、食品粗加工管理制度

1. 加工前应认真检查待加工食品，发现有腐败变质迹象或者其他感官性状异常的不得加工和使用。

2. 各种食品原料在使用前应洗净，应配有区分标识的动物性、植物性、水产品食品原料专用清洗水池，并按规定使用。禽蛋在使用前应对外壳进行清洗，必要时进行消毒处理。

3. 易腐食品应尽量缩短在常温下的存放时间，加工后应及时使用或冷藏。

4. 切配好的半成品应避免污染，与原料分开存放，并应根据性质分类存放。在规定时间内，按照加工操作规程使用。盛装食品的

容器不得直接落地，以防止食品污染。

5. 生熟食品的加工工具及容器应分开使用并有明显标识。

6. 粗加工使用的工具、容器、设备使用后必须及时清洗，保持清洁，并做到定位存放。

7. 加工过程中，工作人员应穿戴整洁的工作衣、帽，保持个人卫生。产生的废弃物应及时处理，加工场所应有防鼠、防蝇等卫生设施。

五、烹调加工管理制度

1. 烹调前认真检查待加工食品，发现有腐败变质或者其他感官状异常的，不得进行烹调加工。

2. 不得将回收后的食品（包括辅料）经烹调加工后再次销售。

3. 需要熟制加工的食品应当充分加热，烧熟煮透，食品中心温度应不低 70 ℃，不得使用加工工具品尝菜味。隔餐、隔夜的剩余饭菜及外购熟食品食用前，必须彻底加热后再供应。

4. 加工后的成品不得与半成品、原料存放在一起，应放置在有标记的工具容器内；需要冷藏的熟制品，应尽快冷却后再冷藏，冷却应在清洁操作区进行，并标注加工时间等。

5. 加工用的工具、容器、炊具以及用于盛装调味料的器皿等用后应及时清洗消毒，定位存放，不得与地面或污垢接触。菜品用的围边、盘花应保证清洁新鲜、无腐败变质，不得回收后再使用。

6. 烹调加工场所应及时进行卫生清扫，垃圾及时处理；从业人员在操作中应养成良好的卫生习惯，达到规定的卫生要求。

六、餐用具清洗消毒保洁管理制度

1. 餐饮服务单位应设专人负责餐用具的清洗消毒和保洁工作。

2. 洗消间及清洗、消毒、保洁设备设施的大小和数量应与经营规模相适应。

3. 餐用具清洗消毒水池应专用，与食品原料、清洁用具及接触非直接入口食品的工具、容器清洗水池分开。采用化学消毒的，至少应设标有“洗、刷、冲”标志的三个水池，并按照“一洗、二冲（清）、三消毒、四保洁”的顺序进行操作，采用人工清洗热力消毒的，至少设有2个专用水池。

4. 采用化学方法（氯制剂）进行消毒的，应配备消毒液浓度检测设施，及时检测，保证消毒液有效氯浓度达到250 mg/L，时间达到5分钟以上，并对消毒结果进行记录。禁止使用未经消毒的餐饮具。

5. 餐用具使用后应及时洗净，定位存放，保持清洁。消毒后的餐用具应储存在专用、密闭的保洁设施内备用，保洁设施应有明显标识。餐用具保洁设施应定期清洗，保持洁净，已消毒和未消毒的餐用具应分开存放，保洁设施内不得存放其他物品。

6. 消毒后的餐饮具应符合《食（饮）具消毒卫生标准》（GB 14934）规定。不得重复使用一次性餐用具。

7. 使用的洗涤剂、消毒剂应符合国家规定的有关食品安全标准和要求。洗涤剂、消毒剂应存放在专用的设施内。

8. 应定期检查维修消毒设施、设备，确保设施、设备处于良好状态，保证对餐饮具的消毒效果。

七、专间（凉菜制作）食品安全管理制度

1. 餐饮单位设置的各类专间（凉菜加工、裱花操作、食品分装等）应达到专人、专室、专工具、专消毒、专冷藏等“五专”要求。

2. 专间内操作人员应配备专用工作服，进入专间前，应在预进间内更换专用工作衣帽并佩戴口罩，并对双手清洗消毒，操作中应适时消毒。非专间人员不得擅自进入。

3. 专间内安装的独立空调正常运转，保证专间内温度不高于25 ℃；专间每餐（或每次）使用前应进行空气和操作台的消毒。使

用紫外线灯消毒的，应在无人工作时开启 30 min 以上，并做好记录。

4. 专间内工具、容器、炊具应粘贴“专间专用”标识，并做到专用，使用后清洗洁净，使用前用专间内的消毒设施进行消毒，对刀、板（墩）等炊具在操作人员监控下，可采用 95%酒精火焰消毒。禁止将专间内外使用的工具、容器、炊具混用、混放。

5. 在专间内制作食品，加工前应认真检查待加工食品，发现有腐败变质或者其他感官性状异常的，不得进行加工。供配制凉菜用的蔬菜、水果等食品原料，未经清洗处理干净的，不得带入专间内。

6. 制作好的凉菜应尽量当餐用完。剩余尚需使用的应存放于专用的冰箱内冷藏，保质时间 24 小时。

7. 专间内应配备非手动式开启盖子的废弃物容器，及时收集处理废弃物，保持专间内环境整洁。

八、食品留样制度

1. 专人负责对每餐次的食品成品进行留样。

2. 应配备标有“食品留样专用”字样的冷藏设施，严禁将与留样食品无关的物品放入食品留样专用设施内。

3. 每种食品留样量不少于 100 g，并按品种分别盛放于清洗消毒后的密闭专用容器内，放置在专用冷藏设施中，存放 48 小时以上。

4. 负责留样的人员应对留样食品名称、留样量、留样时间、留样人员、审核人员等进行记录。

5. 如发生疑似食物中毒，必须将留样食品如实提供给有关部门进行检验，为分析确定造成食物中毒的可疑食品和原因提供依据。

九、餐厨废弃物处置管理制度

1. 应设专人负责餐厨废弃物的管理工作。

2. 应配备与加工用容器有明显区分标识的，且配有盖子的废弃物容器，废弃物容器应放置在固定场所。专间内的废弃物容器盖子应为非手动开启式。

3. 应将餐厨废弃物分类放置，废弃物应及时清除，做到日产日清，防止污染食品、水源及地面，防止有害动物的侵入，防止不良气味或污水的溢出，清除后的容器应及时清洗，必要时进行消毒。

4. 应与具有餐厨废弃物收运、处置经营资质的单位或个人签订合同，索取其经营资质证明文件复印件，并由其收集处理。

5. 应建立餐厨废弃物处置台账，详细记录餐厨废弃物的种类、数量、去向、用途等情况，定期向监管部门报告。

十、设施设备运行维护和卫生管理制度

1. 根据经营规模配备足够数量的消毒、更衣、洗手、采光、照明、通风、冷藏冷冻、防尘、防蝇、防鼠、防虫、洗涤以及处理废水、存放垃圾和废弃物等设施、设备以及工具、容器。

2. 保证配备的各类设备设施以及工具、容器等卫生设施安全无害，并按规定粘贴明显的区分标识，定期进行清洗或消毒，确保各类卫生设施设备以及工具、容器清洁卫生。

3. 必须保证各类卫生设施设备正常运转和使用，并定期对需要校验的卫生设备设施进行校验、保养和维护，发现故障或损坏及时维修或更换，做好记录。

4. 各类卫生设施、设备以及工具、容器，应按其使用功能和标识合理放置和使用，并做到专用，不得随意挪作它用，防止造成直接入口食品与非直接入口食品、原料与半成品的交叉污染。

十一、食品及相关物品定位存放制度

1. 根据不同食品的品种、性质以及状态，设置不同性质、规模和条件的食品储存场所、库房（冷库）、柜、架以及工具、容器等相关物品设施，各种物品设施应根据用途，粘贴不同的使用标志，固

定位置。

2. 不同食品应根据食品的品种、性质、状态以及存放条件，按存放标记定位存放。用于原料、半成品、成品的工具和容器，应分开摆放和使用并有明显的区分标识。

3. 设置存放各种备品的库房或区域，有隐蔽存放清扫工具的场所，禁止将食品与杂品放在一起，食品处理区不得存放与食品加工无关的物品，各项设施设备也不得用作与食品加工无关的用途。

4. 防尘、防鼠、防虫害设施及其相关有毒有害物品按规定进行存放、保管和使用。

十二、病媒生物预防控制制度

1. 设置专人负责管理病媒生物预防控制工作，每年应拨出一定的专用经费来开展此项工作，制定病媒生物预防控制计划。

2. 病媒生物预防控制人员应掌握一定的病媒生物预防知识，定期对本单位鼠、蟑等病媒生物进行监测，根据监测结果和病媒生物的危害程度，开展对病媒生物的杀灭工作，并做好记录。

3. 没有能力开展病媒生物预防控制时，应与有病媒生物预防资质的防治机构签订合同，并索取防治机构的有效证件存档备查，保证病媒生物预防控制效果。

4. 使用的杀虫药械等应指定专人保管和使用，应有固定的场所（或橱柜）并上锁，有明显的警示标识。

十三、从业人员健康（晨检）管理制度

1. 每年应组织食品从业人员（包括新参加和临时参加工作的人员）进行预防性健康检查，取得健康合格证后，方可从事餐饮服务工作。

2. 建立从业人员健康管理档案，详细记录食品从业人员的健康状况。对患有痢疾、伤寒、甲型病毒性肝炎、戊型病毒性肝炎等消

化道传染病，以及患有活动性肺结核、化脓性或者渗出性皮肤病等有碍食品安全的疾病的从业人员，不得安排从事接触直接入口食品工作，应当将其调整到其他不影响食品安全的工作岗位。

3. 建立每日晨检制度，并对晨检结果进行记录。对有发热、腹泻、皮肤伤口或感染、咽部炎症等有碍食品安全病症的人员，应暂停从事接触直接入口食品的工作岗位，待查明原因并将有碍食品安全的病症治愈后，方可重新上岗。

十四、从业人员食品安全知识培训管理制度

1. 餐饮服务从业人员（包括新参加和临时参加工作的人员）应参加食品安全知识培训，取得培训合格证后方能上岗工作。

2. 每年制定食品安全知识培训计划，并按计划定期组织从业人员学习相关的卫生法律法规和食品安全知识；保证食品安全管理人员每年接受不少于40小时的餐饮服务食品安全知识培训内容。

3. 对参加培训人员进行考核，对考核不合格的人员，不得安排上岗工作。

4. 建立从业人员卫生知识培训档案，将培训时间、培训内容、考核结果记录归档。

十五、食品安全综合检查管理制度

1. 卫生管理人员应每天进行卫生检查，主管部门每周进行一次卫生检查。

2. 每月组织一次综合性评比检查，重点检查餐饮服务过程中各种制度的落实情况，并将检查结果纳入到本单位的各项工作考核体系中。

3. 各类检查应有记录，每月组织的综合检查，应有内部检查评比通报。

4. 发现严重问题应有处理及整改记录。

十六、食品安全投诉管理制度

1. 应设立并向社会公布食品安全投诉举报电话，建立食品安全投诉举报登记制度，并由专人负责受理投诉举报工作，对每起投诉举报要认真记录并及时处理。对重要案件和重大事件要立即向铁路食品安全监督部门报告。

2. 负责食品安全投诉举报登记的人员，接到食品安全投诉后，应及时向负责人报告，立即组织有关人员对投诉案件进行核实调查，妥善处理，并且留有记录，并将收集汇总已调查处理的结果，及时向铁路食品安全监督部门报告。

3. 接到消费者投诉食品感官异常或可疑变质时，应及时核实，如有异常，应及时撤换，同时告知备餐人员做出相应处理，并对同类食品进行检查。

4. 对重大食品安全事故，应按程序及时上报，积极配合卫生监督机构开展调查处理，防止事态进一步扩大。

第二节　食品安全管理台账记录

1. 食品、食品添加剂及食品相关产品采购索证索票、进货查验和采购记录（表 8-1）。

表 8-1　食品、原料、添加剂及食品相关产品索证索票台账记录

进货日期	食品名称	规格	数量	生产批号	保质期限	供货者名称	供货者 联系方式

2. 库存食品定期清理检查记录（表 8-2）。

表 8-2 库存食品定期清理查验记录

序号	问题食品名称	原因	数量	检查日期	距保质期 15 天食品名称	数量	检查日期

3. 食品添加剂使用台账（表 8-3）。

表 8-3 食品添加剂使用台账、存放使用记录

食品添加剂名称	领取时间	领取添加剂数量	添加剂包装情况	食品加工数量	食品加工品种	领取人	记录人

4. 设备定期清洗、校验记录（表 8-4）。

表 8-4 设备定期清洗、校验记录

序号	设备名称	检查日期	清洗日期	检验日期	清洗/校验结果	记录人	备注

5. 从业人员每日健康晨检记录（表 8-5）。

表 8-5 从业人员每日健康晨检记录

序号	日期	有碍食品安全病症人员姓名	发热	腹泻	皮肤伤口/感染	咽部炎症	其他病症	备注	记录者

6. 从业人员卫生知识培训记录（表 8-6）。

表 8-6 从业人员卫生知识培训记录

序号	姓名	职业或职务	学习时间	学习地点	学习方式	学习内容	考核成绩	负责人

7. 餐厨废弃物处置记录（表 8-7）。

表 8-7 餐厨废弃物处置记录

序号	日期	种类	数量（公斤/升）	去向	用途	回收人	经办人	备注

8. 食品留样记录（表 8-8）。

表 8-8 食品留样记录

日期	时间	食品名称	留样量（g）	留样时间	留样人员	审核人员	备注

9. 卫生检查记录（表 8-9）。

表 8-9 食品安全卫生检查记录

检查时间	参加人员	被检查部门或班组	检查部位	发现问题	处理意见	处理结果	负责人

10. 投诉、处理情况记录（表 8-10）。

表 8-10 投诉、处理情况记录

序号	日期	投诉主要问题	投诉人	投诉人情况	受理人	处理结果	备注

11. 餐具消毒记录（表 8-11）。

表 8-11　餐具消毒记录

<table>
<tr><td rowspan="3">日期</td><td colspan="3">消毒方法</td><td rowspan="3">餐具名称</td><td rowspan="3">数量</td><td rowspan="3">时间</td><td rowspan="3">消毒人</td><td rowspan="3">备注</td></tr>
<tr><td rowspan="2">物理方法</td><td colspan="2">化学方法</td></tr>
<tr><td>药物名称</td><td>浓度（mg/L）</td></tr>
<tr><td></td><td></td><td></td><td></td><td></td><td></td><td></td><td></td><td></td></tr>
</table>

12. 专间消毒记录（表 8-12）。

表 8-12　专间消毒记录

<table>
<tr><td rowspan="3">日期</td><td colspan="3">消毒方法</td><td rowspan="3">物品名称</td><td rowspan="3">数量</td><td rowspan="3">时间</td><td rowspan="3">消毒人</td><td rowspan="3">备注</td></tr>
<tr><td rowspan="2">物理方法</td><td colspan="2">化学方法</td></tr>
<tr><td>药物名称</td><td>浓度（mg/L）</td></tr>
<tr><td></td><td></td><td></td><td></td><td></td><td></td><td></td><td></td><td></td></tr>
</table>

食品从业人员卫生要求

餐饮服务单位的食品加工主要依靠从业人员手工操作，在食品加工操作中的许多环节，食品操作人员都有可能污染食品。因此从业人员具有良好的健康状况、个人卫生和食品安全意识及技能 ，是防止食品污染的重要前提。

第一节　健康检查和健康报告

一、健康检查

《食品安全法》规定，食品生产经营人员应当每年进行健康检查，取得健康合格证明后方可上岗。对患有痢疾、伤寒、甲型或戊型病毒性肝炎等消化道传染病以及活动性肺结核、化脓性或者渗出性皮肤病的有碍食品安全疾病的人员，不得从事凉菜制作、烹饪、分餐、裱花蛋糕等直接入口食品操作。

二、健康报告

健康证只能表明体检时的健康状况，并不能保证在一年之内不再患有有关疾病，因此要随时进行自我检查。发现患有腹泻、手外伤、手部皮肤湿疹、长疖子、咽喉疼痛、眼、耳、鼻分泌液体、发热、呕吐等症状时，应立即暂停接触直接入口食品，并立即向食品安全管理人员或单位报告。

第二节 个人卫生要求

一、基本要求

二要：衣帽要穿戴整齐；工作前与便后要彻底洗手。

四勤：勤洗手、勤理发、勤换衣、勤剪指甲。

六不准：不准穿工作服去厕所；不准光脚赤背；不准在工作场所吸烟；不准在工作中戴戒指等有碍食品卫生的装饰品；不准在食品加工操作过程中挖鼻子、掏耳朵等有碍食品卫生的动作；不准用抹布与工作服擦汗。

二、手部卫生要求

（一）基本要求

由于手是人体接触食品最多的部位，未经清洗的双手可以携带大量的细菌和病毒，绝大部分人体对食品的污染都是由不清洁的手传播所引起，因此手部的卫生是从业人员个人卫生中最为重要的部分。接触直接入口食品的操作人员在开始工作前、处理食物前、上厕所后、处理生食物后、处理弄污的设备或饮食用具后、咳嗽、打喷嚏、或擤鼻子后、处理动物或废物后、触摸耳朵、鼻子、头发、口腔或身体其他部位后或从事任何可能会污染双手活动（如处理货项、执行清洁任务）后，应洗手并消毒，使手部保持清洁。

（二）洗手程序

1. 在水龙头下先用水（最好是温水）把双手弄湿。

2. 双手涂上洗涤剂。

3. 双手互相搓擦 20 秒（必要时，以干净卫生的指甲刷清洁指甲）。

4. 用自来水彻底冲洗双手，工作服为短袖的应洗到肘部。

5. 关闭水龙头（手动式水龙头应用肘部或以纸巾包裹水龙头关

闭）。

6. 用清洁纸巾、卷轴式清洁抹手布或干手机干燥双手。

（三）标准洗手方法（图 9-1）

(a) 掌心对掌心搓擦

(b) 手指交错掌心对手背搓擦

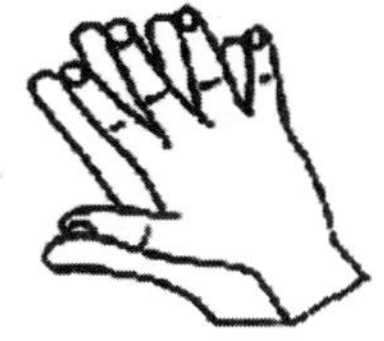

(c) 手指交错掌心对掌心搓擦

(d) 两手互握互搓指背

(e) 拇指在掌中转动搓擦

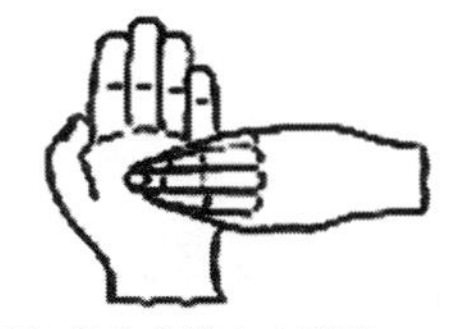

(f) 指尖在掌心中搓擦

图 9-1　标准洗手方法示意图

（四）手部消毒方法

清洗后的双手在消毒剂水溶液中浸泡 20～30 秒，或涂擦消毒剂后充分揉搓 20～30 秒。

（五）使用手套要求

1. 使用一次性塑料或橡胶手套，不要重复使用。

2. 手套的尺寸应适合操作人员，太大容易滑落，太小则容易破损。

3. 手套永远不能代替洗手，戴手套前和更换新的手套前都应该洗手。

4. 手套有破损或变脏或在开始进行不同的操作前应及时更换手套，连续操作时，至少每 4 小时要更换一次。

三、穿戴工作服要求

1. 从业人员应穿戴清洁的工作服、工作帽（专间从业人员还需戴口罩），头发应完全覆盖，长发应戴发网。

2. 工作服最好用白色或浅色布料做成，便于辨别干净程度，及时进行清洗。

3. 不同区域员工的工作服可按其工作场所从颜色或式样上进行区分，如分为专间、粗加工、仓库、清洁等，便于定人定岗的管理，也便于工作服的分类清洗、消毒。

4. 工作服应做到定期更换，随时清洗，保持清洁。工作服清洗的时间，每周至少洗涤三次。不同区域员工的工作服应分别清洗消毒，食品加工和销售的工作服应分开清洗，并有清洁的放置场所。接触直接入口食品人员的工作服应每天清洗、消毒、更换。

5. 准备清洗的的工作服应放置在远离食品加工处理的区域，以免污染食品。

6. 每名从业人员应有至少两套工作服，以备更换。

7. 不能穿戴工作服走出食品加工场所区，如要外出应脱掉工作服。

四、其他卫生要求

1. 在不加工食品和存放餐具的专用场所（如员工休息区）进食、喝水和抽烟。

2. 个人衣物及私人物品不得带入食品加工区域，应存放在更衣室。

3. 操作人员的健康状况直接影响着食品安全，因此作为食品加工操作人员，在日常生活中应自觉不食用那些不干净或者可能使人致病的食品。

4. 非操作人员（如安全管理人员）进入食品加工区域应按操作

人员要求做好个人卫生。

第三节　专间操作人员卫生要求

专间包括冷菜间、裱花间、备餐专间、盒饭分装专间等，是餐饮业清洁程度要求最高的场所。因此，除了上述卫生要求外还必须做到：

1. 进入专间前更换专用、清洁的工作衣帽及佩戴口罩，工作衣帽应每天进行更换和清洗、消毒。

2. 在操作中不宜频繁进出专间，出专间时应脱掉专用工作服，严禁穿工作服上厕所或进入粗加工区域。

3. 在进出专间、触摸专间外的任何物品后及操作期间都要清洗、消毒双手。

4. 非专间人员不得进入专间。

第四节　食品安全管理和从业人员培训要求

一、食品安全管理人员培训要求

餐饮服务单位食品安全管理人员（以下简称“餐饮安全管理人员”），是指餐饮服务单位法定代表人（负责人）或者协助法定代表人（负责人）负责餐饮服务食品安全具体管理工作的人员。

（一）培训时间

原则上每年应接受不少于 40 小时的餐饮服务食品安全集中培训。

（二）培训主要内容

1. 与餐饮服务有关的食品安全法律、法规、规章、规范性文件、标准；

2. 餐饮服务食品安全基本知识；

3. 餐饮服务食品安全管理技能；

4. 食品安全事故应急处置知识；

5. 其他需要培训的内容。

（三）培训后达到的要求

1. 能够制定本单位的准则或政策；

2. 了解本单位难以避免的食品污染因素，并能提出可接受的措施，确保不危害就餐职工健康；

3. 能具体说明采购食品原料的要求；

4. 能实施正确的危害性分析和关键控制点检查；

5. 能具体说明卫生培训的政策和取得证书的资格；

6. 能具体说明清洗和消毒的有关规定；

7. 一旦卫生设施不能正常运行后，能提出紧急运行对策；

8. 当怀疑本单位或部门是食源性疾病的肇事单位时，能提出卫生对策，并及时向卫生监督部门报告，积极协助卫生监督部门开展调查。

二、食品从业人员培训要求

（一）培训时间

食品生产经营单位应每年定期对食品从业人员开展食品安全知识培训。

（二）培训主要内容

1. 国家及地方有关食品法律、法规和规章的有关要求；

2. 食品操作过程中的安全要求及安全操作要领；

3. 个人卫生要求及洗手等保持个人卫生操作要领和方法；

4. 食品污染的控制及消除措施等；

5. 其他需要培训的内容。

（三）培训后达到的要求

1. 能描述影响食品卫生的不良卫生行为及健康状况；

2. 懂得并能应用有关向消费者提供食品服务的卫生规定；

3. 能描述在食品供应场所安全保存食品的方法；

4. 知道正确操作食品供应设备的重要性，并说出操作食品供应设备的正确方法；

5. 了解微生物生长的条件，以及主要致病菌生长的时间与温度关系；

6. 能说出如何寻找鼠害和昆虫，并采取的措施；

7. 能具体说明安全的食品制备过程；

8. 能描述如何测定加工温度以及安全的时间与温度关系；

9. 能实施食品操作和厨房清洗的 HACCP；

10. 能说出生熟食品的安全保存方法；

11. 知道如何实施本职岗位的质量控制检查，以及如何测定质控标准；

12. 知道在某项卫生措施失去作用时，可采取的紧急行动；

13. 能说出如何加工厨作的剩余食品。

第九章 铁路餐车和高铁餐吧食品安全管理

第一节 卫生管理要求

1. 餐车餐饮服务许可证应悬挂在前厅醒目位置，向旅客公示，以便监督。

2. 食品安全等级和食品安全投诉电话公示在醒目位置，便于接受社会公众监督。任何组织和个人有权举报铁路餐饮服务和食品流通过程中的违法行为。

3. 配有食品表面和中心温度计并正确使用。

4. 配有食品安全管理手册

（1）客运段旅服车间、餐车班组建立健全食品安全管理制度。食品安全管理制度主要包括：从业人员健康管理制度和培训管理制度，加工经营场所及设施设备清洁、消毒和维修保养制度，食品、食品添加剂、食品相关产品采购索证索票、进货查验和台账记录制度，关键环节操作规程，餐厨废弃物处置管理制度，食品安全突发事件应急处置方案，投诉受理制度以及食品药品监管部门规定的其他制度。

（2）食品安全管理手册制订应全面、详细、规范，必须符合国家相关法律、法规、规章要求，并具有可操作性。

5. 食品进货清单登记

(1) 餐车的餐料及其他食品相关产品应由统一部门采购、配送。集中配送时应有供货清单，能出具索证索票资料。

(2) 餐车采购食品、食品添加剂及食品相关产品要进行索证索票并有登记。

(3) 沿途补料点具有合法有效地资质证明，并经监督和主管部门审核、备案。

(4) 餐车班组沿途补料时，应严格采购食品数量、种类与进货清单相符，沿途补料有记录，不得有私自上料行为。

6. 食品定型定量包装

(1) 预包装食品包括直接提供给消费者的食品（即可以直接食用的）以及非直接提供给消费者的（即冷链盒饭、半成品等）。

(2) 餐车所有定型定量包装的食品及原料均应标示食品名称、净含量、生产日期、保质期和储存条件等，且标识完整清晰。

(3) 定型定量包装的食品包装完整，无破损。

7. 配有标准化菜谱

(1) 餐车主管部门应统一制定标准化菜谱（包括菜品名称、配料、净含量及图片等）。

(2) 餐车加工的饭菜符合应有的数量和质量，同时对豆制品、四季豆等高风险食品加工过程应有质量控制措施。

(3) 餐车配有标准化菜谱，并有质量登记。

8. 食品加工预制质量

餐车加工预制是指餐车为满足经营需要，在开始销售前先期加工半成品的行为。要求预制加工品不能作为成品直接销售，加工、储存过程应符合操作规程要求，预制食品质量符合卫生要求。

9. 从业人员个人卫生

食品安全管理人员应对从业人员经常进行相关卫生法律法规标准和食品安全知识培训，使从业人员熟悉和掌握与岗位匹配的卫生知识。从业人员应保持良好的个人卫生，工作时应穿戴清洁的工作衣帽，头发不得外露，不得留长指甲、涂指甲油、佩戴饰物。工作服应定期更换，保持清洁。不得将私人物品带入经营场所。不得在食品经营区内吸烟、饮食或从事其他可能污染食品的行为。

10. 用水水质

（1）列车餐车生活饮用水水质各项指标应符合《生活饮用水卫生标准》（GB 5749—2006）要求。

（2）储水水箱及蓄水设施应每年进行一次全面清洗、消毒，并对水质进行检验，及时发现和消除污染隐患，保证旅客饮水的卫生安全。

第二节　前厅卫生要求

1. 列车餐车保洁应做好日常清扫保洁工作，做到车窗玻璃无污点、污道，边角无积垢。

2. 前厅桌椅应保持干净整齐，使用良好，无破损。桌套、椅套无积垢无污渍；餐车座席边角缝隙无杂物。

3. 前厅窗帘应保持干净整齐，使用良好，无破损、无积垢污渍。

4. 陈列柜应保持干净整洁；物品定位摆放，无杂物。

5. 空气质量符合国家标准要求

（1）旅客列车应保持通风换气设施设备完好，使用正常。

（2）旅客列车应保持厢体内空气流通，无异味、恶臭。

（3）应以车底为单位每年进行一次空气质量检测，保证检测结果符合客车内空气质量、噪声及照度卫生要求。

（4）高原列车在高原环境下需进行大气氧分压检测。

第三节　后厨卫生要求

一、后厨物品定位明确有定位图

餐车后厨应制订物品定位图，明确后厨物品存放位置，定位图

应张贴于操作间内部出菜口上方或门楣处。后厨物品应按定位图指示定位摆放。

二、后厨门窗四壁、顶棚清洁

餐车后厨应保持卫生整洁、窗明几净，无死角，无霉斑，无积垢。厨房操作间、水池无油污，排气扇无油垢。

三、后厨地面清洁

厨房操作间地面应保持清洁干燥，无杂物、积垢、积水。

四、后厨地漏有盖无垃圾排放痕迹

餐车地漏应能防止废弃物流入及浊气逸出（如带水封地漏），同时还能防止鼠类侵入。加强对餐车从业人员教育，后厨严禁从地漏排放垃圾污水，防止生活垃圾对铁路沿线的污染。

五、盖布、抹布清洁有使用标志

1. 餐车后厨盖布、垫布、抹布均易于辨认，能区分使用，经常保持清洁。

2. 盖布、抹布均有生熟标识，盖布还应有正反标示。

3. 后厨盖布、抹布管理措施到位，无混用混放现象。

六、操作台面清洁功能分区明确

1. 餐车后厨应按功能分区域进行操作，包括粗加工场所、切配场所、餐用具清洗消毒场所、烹饪场所、餐用具保洁场所，各区域之间有标志或指示标识明确区分。

2. 操作台面经常保持清洁，防止加工后的成品与半成品、原料交叉污染。

七、餐厨垃圾袋装定位存放并按规定投放

餐车应配备足够使用的垃圾袋；餐车垃圾应及时清理，袋装收集；应将垃圾投放于固定位置垃圾箱（桶）内；要及时清理已盛满的垃圾箱（桶），做到装袋、封口，定位存放于风挡处或车门处；垃圾下车投放必须在指定站进行，要按照指定站标示位置投放，不得随意摆放。

八、餐厨垃圾袋有专用标识质地良好

1. 餐厨垃圾袋标识必须符合国家和铁路总公司的要求，标识齐全，标注有“餐厨垃圾袋”及段别标识，便于溯源，减少随意倾倒垃圾的现象。

2. 垃圾袋质量必须符合国家标准，做到无明显异臭；袋膜外观均匀、平整，无有碍使用的气泡、穿孔及鱼眼僵块、丝纹、挂料线等瑕疵。

3. 餐车餐厨垃圾袋应坚固耐用，抗渗漏性能良好，厚度在0.04 mm以上，承重在4 kg以上。

第四节　设施设备要求

一、设施设备齐全无病害性能良好使用正常

餐车设施设备应建立维修保养制度，专人管理、专人负责，使其保持良好的运行状况。食品加工、储存、陈列、消毒、保洁、保温、冷藏、冷冻等设施设备应当定期维护，校验计量器具。餐车班组一旦发现异常情况，应及时向主管部门及车辆部门反映，确保各项设施设备正常运转和使用。

二、设施设备内外部清洁无积尘、无积垢、无霉斑

餐车使用的设施设备应建立保洁制度，做到专人管理、专人负责，及时清理清洗，使其保持良好的卫生状况。

三、食品容器工具有明显区分标志不混放混用

1. 用于食品原料、半成品、成品的工具和容器，应分开摆放和使用，并有明显的区分标识。

2. 原料加工中切配动物性食品、植物性食品、水产品的工具和容器，应分开摆放和使用，并有明显的区分标识。

3. 冰箱等冷冻冷藏设施按“原料”、“半成品”标识，剩余熟食品冷藏保存放置在半成品冰箱内。

4. 各食品容器、工具、冷藏冷冻设施严格按照标识使用，不得混放混用。

四、塑料食品容器标志含义

塑料食品容器底部三个箭头组成的三角形，表示“可回收再利用”。三角形内的数字代表塑料材料，“5”表示主要制造材料为聚丙烯，简称PP，此种原材料适用于各种食品包装，其无毒无味、安全卫生环保，现被广泛应用于食品包装行业。用PP制作的食品容器具有透气性佳、耐热温度高且有较高的耐冲击性，抗多种有机溶剂和酸碱腐蚀的特点，是唯一可用于微波炉加热的、可在清洁后重复使用的塑料食品容器，餐车所使用的塑料食品容器应有可回收再利用（三个箭头组成的三角形）和聚丙烯材质“5”标志。

五、冷藏、冷冻温度要求

1. 冰箱应有外显式温度指示计或配备冰箱温度计，并确保温度显示准确。

2. 餐车班组应随时检查冰箱温度，一旦发现超出冷藏或冷冻标准温度范围，应及时向主管部门和车辆部门反映，及时维修，确保冰箱正常运转和使用。

六、冷藏、冷冻设备要求

冷藏冷冻设备应有专人负责，定期除霜，及时清除食物残渣、污渍、血渍，保持内部清洁。严禁存放非食品物品。

七、消毒湿巾使用要求

1. 各类冷藏冷冻设备、微波炉、保洁柜把手均应备有消毒湿巾，并应保持清洁。

2. 使用含消毒剂的毛巾或定型包装湿巾包裹于门把手处，并及时更换。

3. 消毒湿巾包装标识规范，生产企业卫生许可证编号格式为：（省、自治区、直辖市简称）卫消证字（发证年份）第×××号，在有效期限前使用。

八、纸巾纸包装、标识要求

1. 餐车使用的纸巾纸必须执行集中采购，严格审查供应商资质，索取相关证明文件，确保提供给旅客的纸巾符合国家标准。

2. 纸面应洁净，不应有明显纸病、掉粉、掉毛、掉色现象。

3. 独立包装的纸巾纸包装标志应符合标准要求。

4. 产品包装完好符合标准要求。

第五节　贮存运输要求

一、贮存运输装卸条件过程符合食品安全要求

1. 餐车食品配送车辆应专用、保持清洁，有必要的冷藏（冻）

设施，不与非食品混装混运。

2. 装卸、运输、贮存过程做到食品不落地，防止食品接触不洁物。

3. 需要低温保存的食品应当在相应的储存条件下按标识分开存放，可常温保存的食品在食品储存柜（室）内存放，保持食品储存柜（室）清洁。

4. 餐车条件有限，为防止食品污染，要求雪糕、水果、啤酒不能在餐车冰箱内存放。

二、食品存放定位图清晰醒目

冰箱、储存柜等食品贮存设施应有食品分类存放定位图，且清晰醒目，建议定位图粘贴在柜门处。

三、食品存放要求

食品应有独立包装，食品按保存条件分类分室存放于冰箱、贮存柜内，不得有裸放、混放现象。

四、食品码放合理无堆积无挤压

1. 食品应分类码放，冰箱内植物性食品、动物性食品和水产品分开摆放，食品原料、半成品按标识分开摆放。

2. 应按照“上干下湿”的原则合理摆放。

3. 食品不得有堆积、挤压存放。

五、供餐车使用的蔬菜要求

供餐车使用的蔬菜应经粗加工后配送，即去除蔬菜废弃部分，清洗后做到洁净无腐烂、无泥垢再配送上车。

六、冰箱中半成品存放要求

冰箱内的半成品应使用聚丙烯保鲜盒盛装存放，上下层之间应有防止滑脱的措施。

七、保鲜盒要求

盛装半成品的保鲜盒外表面应粘贴食品标签，应标明食品名称、加工日期及时间（具体到时、分）、保质期、保存条件、加工单位等。食品标签位置、内容醒目，容易辨认。

第六节　餐饮具卫生要求

一、清洗消毒保洁制度健全药械齐全

应建立健全餐饮具、食品容器等清洗消毒保洁制度，内容规范齐全。清洗消毒保洁设施齐全，消毒药械请领数量充足，能够满足正常使用。

二、洗涤消毒剂包装完好标识齐全符合国家标准要求

1. 餐车使用的洗涤消毒剂必须执行集中采购制度，要重点把好采购进货关。审查生产单位资质，索取相关证明文件，实验室检验报告符合标准。

2. 洗涤消毒剂应无杂质、无异味；液体产品不分层，无悬浮或沉淀；颗粒及粉状产品不结块。

3. 洗涤消毒剂宜有独立小包装，便于餐车配制使用。小包装标识应有产品名称、生产厂家、生产企业卫生许可证编号格式为：（省、自治区、直辖市简称）卫消证字（发证年份）第××××号、有效期限、配制方法及说明等。

4. 推荐执行“一池水、一袋药”，浓度 250 mg/L，每池水消毒

数量 150 件。

三、消毒剂配置浓度达到标准要求

严格按消毒剂标识规定方法、浓度进行配制，固体消毒剂应充分溶解。配好的消毒液定时更换，一般每 4 小时更换一次。使用时定时测量消毒液浓度，浓度低于要求时立即更换或适量补加消毒液。

四、餐饮具熟容器清洗消毒效果符合标准要求

1. 餐饮具应充分洗净后完全浸没于消毒液中消毒，避免油垢影响消毒效果，消毒后餐饮具应用洁净水冲洗，去除消毒液残留后保洁。

2. 接触直接入口的熟容器、工具等可采取喷洒、擦抹、浸泡等适当方法清洗消毒。

3. 食饮具洁净度 ATP 发光检测法检测合格。

五、一次性餐饮具符合国家标准要求

一次性餐饮具是指预期用餐或类似用途的器具，包括一次性使用的餐盒、盘、碟、刀、叉、勺、筷子、碗、杯、罐、壶、吸管等，也包括有外托的一次性餐具，但不包括无预期用餐目的或类似用途的食品包装物如生鲜食品托盘、酸奶杯、果冻杯等。食品经营单位使用的一次性餐饮具必须执行集中采购制度，要重点把好采购进货关。严格审查供应商资质，索取相关证明文件，确保符合国家标准。一次性餐饮具保管使用应实行专人管理，一次性餐饮具大包装袋打开时，应注意在保洁柜内保存、取用，杜绝二次污染。

六、一次性餐饮具标注 QS 标志和生产许可证编号

食品包装用塑料和纸制品已经实行市场准入范围，食品包装生产企业应贯彻执行 QS 标志，包括各种一次性餐饮具生产企业。企业

食品生产许可证标志及使用以“企业食品生产许可”的拼音“Qiyeshipinshengchanxuke”的缩写“QS”表示，并标注“生产许可”中文字样。企业食品生产许可证标志由食品生产加工企业自行加印(贴)。企业使用“企业食品生产许可证”标志时，可根据需要按式样比例放大或者缩小，但不得变形、变色。

第七节　加工操作要求

一、食用油标识齐全不使用散装食用油

1. 餐车主管部门应统一采购食用油，严格审查供应商资质，索取相关证明文件，做好索证索票及台账登记，确保进购符合国家标准的食用油。

2. 杜绝班组私自采购。

3. 检查食用油外包装标识符合相关要求。

4. 餐车禁止使用散装食用油。

二、烹调和再加热前确认待加工食品感官性状正常

1. 餐车工作人员在烹饪前应认真检查待加工食品，发现有腐败变质或者其他感官性状异常的，不得进行烹饪加工。

2. 剩余熟食品再加热前工作人员应确认该食品感官性状正常。

3. 食品烧熟或再加热后至食用前间隔时间不超过 2 小时。

(1) 餐车应设立固定集中开餐时间，熟食品加工应根据旅客点餐需要，及时加工及时食用。

(2) 根据旅客数量确定加工盒饭数量，加工宜少量多次，盒饭常温销售、存放时间不超过 2 小时。

4. 剩余熟食品冷藏保存时间不超过 24 小时。

(1) 熟食品应尽量当餐食用、剩余熟食品应尽快冷却后冷藏保存。

（2）在食品容器外表面粘贴食品标签，应标明食品名称、加工日期及时间（具体到时、分）、保质期、加工单位（人）等。

5. 食品再加热中心温度高于 70 ℃

（1）冷冻熟食品应彻底解冻后经充分加热后方可食用。

（2）烧熟后超过 2 小时的食品经 10 ℃以下冷藏后，供餐前应再次加热。

（3）食品再加热时中心温度应不低于 70 ℃。

6. 食品再加热次数不超过 1 次

冷藏食品再加热次数直接影响食品营养功能及品相，因其反复冷藏、加热，严重时可导致食品安全事故。铁路站车食品经营者应严格控制食品再加热次数，不得超过 1 次。

第八节　监督检查重点项目

有下列情况者每项加扣符合率 30％。

一、无有效餐饮服务许可证

1. 在餐饮服务环节从事食品经营的，能出示所属各铁路食品安全监督管理办公室颁发的《餐饮服务许可证》，无伪造、转借、倒卖、出租、出借，或者以其他形式非法转让。

2.《餐饮服务许可证》有效期为 3 年，经营行为与许可项目相一致，铁路餐车不得加工销售冷菜。

3.《餐饮服务许可证》应载明经营场所、许可范围、主体类型、负责人、许可证编号、有效期限、发证机关及发证日期，填写完整，规范，无涂改、无空项漏项。

二、从业人员无有效健康合格证明

1. 食品经营者能出示合格的健康证明。健康证明无伪造、无转借。

2. 健康证明在一年有效期限内。

3. 健康证明上的内容（含编号、姓名、性别、职名、发证机关、发证时间、有效期限及发证机关公章等）填写规范完整，无空项漏项，无涂改、无错误。

4. 健康证明一人一证，姓名、职名等内容与实际符合。

三、设施设备病害严重无法正常使用

餐饮服务应当定期维护食品加工、贮存、陈列、消毒、保洁、保温、冷藏、冷冻等设备与设施，校验计量器具，及时清理清洗，确保正常运转和使用。做到冰箱、冰柜温度控制符合要求；食品容器洗消设备符合消毒要求；配餐单位室内温度控制符合要求，具备运送热藏或冷藏食品的容器、车辆条件和温度控制装置，并达到规定要求。

四、餐饮具熟容器未按规定消毒

1. 餐饮具熟容器清洗消毒设施设备应保持功能完整，能正常使用，并有专人负责；消毒药品有效，无过期、无结块。

2. 已消毒的餐饮具熟容器必须表面光洁，无油渍、无水渍、无异味。

3. 消毒制度执行情况，氯制剂消毒可通过测氯试纸测试。

4. 采用其他方法消毒的，用相应的检测方法检测合格。

五、食品无生产时间或保质期限

旅客列车餐车所使用的食品原料、半成品、成品既包括由配送基地集中配送的，又包括餐车为满足供应提前预制的。集中配送的最小使用包装或提前预制的盛装食品的容器包装上均应有标签，应标明加工单位、生产日期及时间、保质期、半成品加工方法，必要

时标注保存条件和成品食用方法。

六、食品腐败变质或超保质期限

1. 餐饮服务者在加工及销售食品过程中应认真检查食品及原料的感官性状及保质期限，出现腐败变质或超过保质期限的食品原料、半成品、成品不得加工销售。

2. 感官性状异常的食品按以下原则判断：

（1）果蔬类食品绿叶菜腐烂、霉变、生虫，被其他有毒有害物质污染；

（2）畜禽肉类，皮肤见出血点，无光泽，肉质深红、脂肪发黄、无弹性、有脓肿、见病灶、有异臭味；

（3）水产品，黏液混浊、有异臭味、鳞片脱落；

（4）豆制品，有酸味、色红、发黏、发霉、虫蛀；

（5）肉制品，出现黏液、霉斑、异臭味、脂肪发黄、有酸味、无光泽、无弹性；

（6）禽蛋类，蛋壳破溃或光滑、有暗影霉斑，有异臭味；

（7）调味品，色泽不正常、有沉淀、有霉变浮沫、有异味；

（8）粮食类，有异味，有异物、面粉水湿结块霉变、有明显仓储公害（鼠粪、生虫等）及其他污染。

3. 超过保质期的食品按照包装标注的食品生产日期与保质期判定。

4. 为保证餐车使用的原料及半成品安全，未经同意私自采购行为按腐败变质或超保质期判定。

七、食品贮存运输装卸不符合安全要求

运送食品及原料的车辆应专用、保持清洁，有必要的冷藏（冻）设施，装卸过程中避免污染。直接接触食品的包装箱、袋等应当安全、无害。需要低温保存的食品应当在相应的贮存条件下存放。由

于条件所限，为防止食品原料、半成品及成品腐败变质或受到污染，餐车冰箱内不应存放雪糕、啤酒、水果等食品。

八、熟制加工食品中心温度低于 70 ℃

为保证彻底杀灭食品中的病原菌，在烹饪及食品再加热过程中，应保证食品彻底加热，做到烧熟煮透，其加工时食品中心温度应不低于 70 ℃。

九、加工经营过程有交叉污染

交叉污染是指食品、食品加工者、食品加工环境、工具、容器、设备、设施之间生物或化学的污染物相互转移的过程。餐饮服务者应严格落实食品经营过程中防止交叉污染的各项措施，避免食品接触有毒物、不洁物，被包装材料、容器、运输工具等污染。做到成品与半成品、成品与原料、半成品与原料分开存放。各类工具、容器及冰箱等有明显标识，加工人员必须持有效健康证明，操作时须戴口罩、手套和帽子。

十、重复使用一次性餐饮具

不得重复使用一次性餐饮具。

十一、随意倾倒垃圾污水

食品生产经营者应配备与生产经营的食品品种、数量相适应的洗涤以及处理废水、存放垃圾和废弃物的设备或者设施。垃圾污染物应密闭存放，防止食品污染。不得随意（违规）倾倒污水垃圾。

十二、病媒生物密度超标处理要求

食品生产经营应当具有与生产经营的食品品种、数量相适应的防蝇、防鼠、防虫设备或者设施。

1. 加工经营场所门窗应设置防尘防鼠防虫害设施。

2. 加工经营场所可设置灭蝇设施。使用灭蝇灯的，应悬挂于距地 2 m 左右高度，且应与食品加工操作场所保持一定距离。

3. 排水沟出口和排气口应有网眼孔径小于 6 mm 的金属隔栅或网以防鼠类侵入。

4. 应定期进行除虫灭害工作，防止害虫孳生。除虫灭害工作不得在食品加工操作时进行，实施时对各种食品应有保护措施。

5. 加工经营场所内如发现有害动物存在，应追查和杜绝其来源，扑火时应不污染食品、食品接触面及包装材料等。

6. 杀虫剂、杀鼠剂及其他有毒有害物品存放，应有固定的场所（或橱柜）并上锁，有明显的警示标识，并有专人保管。

7. 使用杀虫剂进行除虫灭害，应由专人按照规定的使用方法进行。宜选择具备资质的有害动物防治机构进行除虫灭害。

8. 各种有毒有害物品的采购及使用应有详细记录，包括使用人、使用目的、使用区域、使用量、使用及购买时间、配制浓度等。使用后应进行复核，并按规定进行存放、保管。

第九节　高铁动车餐吧安全管理要求

1. 持有效餐饮服务许可证，醒目摆放；并公示食品安全投诉电话；经营行为与许可项目一致，不得超范围经营。

2. 食品从业人员持有效健康证上岗从事食品加工经营工作；坚持从业人员晨检制度。

3. 应当定期维护食品加工、贮存、陈列、消毒、保洁、保温、冷藏、冷冻等设备与设施，校验计量器具，及时清理清洗，确保正常运转和使用。做到冰箱、冰柜温度控制符合要求；食品容器洗消设备符合消毒要求；配餐单位室内温度控制符合要求，具备运送热藏或冷藏食品的容器、车辆条件和温度控制装置，并达到规定要求。

4. 盒饭保存温度和时间：冷链盒饭保存温度应达到 0 ℃～10 ℃，保存时间不超过 24 小时；热链盒饭保存温度应不低于 60 ℃，保存时间不超过 4 小时。销售前应充分加热，加热后食品中心温度应不低于 70 ℃；无论冷藏餐还是常温餐，加热后 5 分钟内未售出的，应放入车载保温柜（70 ℃以上）保温存放，保存时间不得超过 3 小时，如果超过 3 小时，应作报废餐予以处理。

5. 食品贮存运输装卸应符合安全要求，运送食品及原料的车辆应专用、保持清洁，有必要的冷藏（冻）设施，装卸过程中避免污染。直接接触食品的包装箱、袋等应当安全、无害。需要低温保存的食品应当在相应的贮存条件下存放；冷链盒饭贮存、运输过程中断链时间不得超过 20 分钟；贮存温度低于 10 ℃。

6. 餐饮服务者应严格落实食品经营过程中防止交叉污染的各项措施，避免食品接触有毒物、不洁物或被包装材料、容器、运输工具等污染。做到成品与半成品、成品与原料、半成品与原料分开存放。各类工具、容器及冰箱、热藏箱等有明显标识。

7. 不得重复使用一次性餐饮具，一次性餐饮具符合国家标准要求。

8. 应配备食品中心温度计，定期抽查加热后食品中心温度，不得低于 70 ℃。

9. 食品、餐饮具等用品应定位存放，避免生熟混放、混用。垃圾污染物应密闭存放，防止食品污染。

10. 应保持良好个人卫生，操作时应穿戴清洁的工作服、工作帽，操作时须戴口罩、手套和帽子；不得留长指甲，涂指甲油，佩带饰物；操作时手部应保持清洁，操作前手部应洗净。

11. 餐饮具按照规定进行彻底消毒，餐车随车携带餐饮具消毒药械，消毒药应在产品有效期内，无过期无结块；消毒剂配比浓度达到标准要求（有效氯浓度 250 mg/L）；已消毒的餐饮具熟容器必须表面光洁，无油渍、无水渍、无异味。

第十章 食源性疾病及其预防

食品安全危害是指食品被外来的、对人体健康有害的物质所污染。食品从种植、养殖到收获、捕捞、屠宰，从生产、加工、贮存、运输、销售、烹调直到食用的整个过程的各个环节，都有可能出现某些有害因素，以致降低食品的卫生质量，或对人体造成不同程度的危害。

第一节 概　　述

一、食源性疾病的概念

世界卫生组织对食源性疾病的定义为：食源性疾病是只有摄食进入人体内的各种致病因子引起的、通常具有感染或中毒性质的一类疾病。即指通过食物传播的方式和途径致使病原物质进入人体并引起的中毒性或感染性疾病。

二、食源性疾病三要素

食源性疾病的三要素：

1. 传播疾病的媒介—食物；
2. 食源性疾病的致病因子—食物中的病原体；
3. 临床特征—急性中毒性或感染性表现。

三、食源性疾病范畴

1. 食物中毒；

2. 经食物而感染的肠道传染病；

3. 食源性寄生虫病；

4. 人畜共患传染病；

5. 食物过敏；

6. 食物营养不平衡造成的某些慢性非传染性疾病（如心脑血管疾病、肿瘤、糖尿病等）；

7. 食物中某些有毒有害物质引起的以慢性损害为主的疾病（包括致癌、致畸、致突变）等。

四、食源性疾病分类

1. 细菌及其毒素；
2. 寄生虫和原虫；
3. 病毒和立克次体；
4. 有毒动物；
5. 有毒植物；
6. 真菌毒素；
7. 化学性污染物；
8. 目前尚未明确的病原因子。

第二节　人畜共患传染病

人畜共患传染病是指人和脊椎动物由共同病原体引起的，又在流行病学上有关联的疾病。该病原体既可存在于动物体内，也可存在于人体内，既可由动物传染给人，也可由人传染给动物，是人类和脊椎动物之间自然传播的疾病。大多数人畜共患传染病通常是由动物传染给人，由人传染给动物的比较少见。

一、炭　　疽

炭疽是由炭疽杆菌引起的烈性传染病。通常本病主要发生在畜

间，以牛、羊、马等草食动物最为多见；人患本病多是由于接触病畜或染菌皮毛等所致。

二、口蹄疫

口蹄疫是由口蹄疫病毒引起的，在猪、牛、羊等偶蹄动物之间传播的一种急性传染病，是高度接触性人畜共患传染病。主要传播途径是消化道、呼吸道、皮肤、黏膜。人一旦受到口蹄疫病毒感染，经过 2～18 天的潜伏期后突然发病，表现为发烧，口腔干热，唇、齿龈、舌边、颊部、咽部潮红，出现水疱（手指尖、手掌、脚趾），同时伴有头痛、恶心、呕吐或腹泻。

三、结核病

结核病是由结核杆菌引起的慢性传染病，牛、羊、猪和家禽均可感染。牛型和禽型结核可传染给人。结核病主要通过咳嗽的飞沫及痰干后形成的灰尘传播，人还会通过喝含菌牛乳而被感染。

四、布氏杆菌病

布氏杆菌病是由布氏杆菌引起的慢性接触性传染病，绵羊、山羊、牛及猪易感。此病主要通过消化道感染，也可经皮肤、黏膜和呼吸道感染。人感染布氏杆菌较家畜严重，病情复杂，表现乏力，全身软弱，食欲不振，失眠，咳嗽，有白色痰，发热，盗汗或大汗，肌肉疼痛等。

五、疯牛病

疯牛病是牛海绵状脑病的俗称，是一种发生在牛身上的进行性中枢神经海绵状病变。疯牛病是由一种非常规的病毒——朊病毒引起的。

六、猪链球菌病

猪链球菌病是人畜共患的、由多种致病性链球菌感染引起的急性传染病。主要特征是急性出血性败血症、化脓性淋巴结炎、脑膜炎以及关节炎。其中，以败血症的危害最大。猪链球菌主要经呼吸道和消化道感染，也可经损伤的皮肤、黏膜感染。病猪和带菌猪是该病的主要传染源，其排泄物和分泌物中均有病原菌。

七、禽流感

禽流感是由A型流感病毒引起的禽类感染性疾病，极易在禽鸟间传播。感染人的禽流感病毒亚型主要 H_5N_1、H_9N_2、H_7N_7，其中感染 H_5N_1 的患者病情重，病死率高。

第三节　食物过敏

一、基本概念

1. 食物过敏

是指所摄入人体内的食物中的某组成成分，作为抗原诱导机体产生免疫应答而发生的一种变态反应性疾病。

2. 食物过敏原

是指存在于食品中可以引发人体食品过敏的成分。由食物成分引起的人体免疫反应主要是由免疫球蛋白介导的速发过敏反应。

二、引起食物过敏的食品

引起食物过敏的食品约有160多种，常见的致敏食品主要有8类：

1. 牛乳及乳制品；
2. 蛋及蛋制品；
3. 花生及其制品；
4. 大豆和其他豆类以及各种豆制品；
5. 小麦、大麦、燕麦等谷物及其制品；
6. 鱼类及其制品；

7. 甲壳类及其制品；

8. 坚果类（核桃、芝麻等）及其制品。

三、食物过敏的症状

过敏的症状表现为摄入某些食物后引起一些不适症状，如皮肤瘙痒、哮喘、荨麻疹、胃肠功能紊乱等。

第四节　食物中毒

一、概　　念

食物中毒是指摄入含有生物性、化学性有毒有害物质或把有毒有害物质当作食物摄入后所出现的非传染性的急性或亚急性疾病。属于食源性疾病的范畴，是食源性疾病中最为常见的疾病。

二、食物中毒发病特点

（一）潜伏期较短

潜伏期短而集中、发病急、病程短、呈暴发性。一般都在食后24～48小时以内，大量病人同时发病。发病曲线呈现突然上升又迅速下降的趋势，无传染病流行时的余波。整个病程不超过一周。

（二）症状相似

所有病人都具有相同的病状或症状基本相似。由于致病物质的种类、毒性及作用机理不同，临床表现也各有特点。但是同一有毒物质中毒症状基本相似。一般来讲，都是从胃肠道的刺激症状开始，如恶心、呕吐、腹痛等，有类似的临床表现并有急性胃肠炎的症状。

（三）有共同的致病食物

发病与食物有关，病人有食用同一污染食物史；流行波及范围与污染食物供应范围相一致；停止污染食物供应后，流行即告终止。

（四）人与人之间无直接传染

上述特点对诊断食物中毒有重要意义。

三、食物中毒分类

按病原物分类，一般可将食物中毒分为五类。

（一）细菌性食物中毒

指因摄入被致病菌或细菌毒素污染的食物引起的急性或亚急性疾病，是食物中毒中最常见的一类，发病率较高而病死率较低。发病有明显的季节性，5～10 月最多。

（二）真菌及其毒素食物中毒

指食用被真菌及其毒素污染的食物而引起的食物中毒。中毒发生主要由被真菌污染的食品引起，用一般烹调方法加热处理不能破坏食品中的真菌毒素，发病率较高，死亡率也较高，发病的季节性及地区性均较明显，如霉变甘蔗中毒常见于初春的北方。

（三）动物性食物中毒

指食用动物性有毒食品而引起的食物中毒。发病率及病死率较高。我国发生的动物性食物中毒主要是河豚鱼中毒，近年来其发病有上升趋势。

（四）有毒植物中毒

指食用植物性有毒食品引起的食物中毒，如含氰甙果仁、木薯、菜豆等引起的食物中毒。

（五）化学性食物中毒

指食用化学性有毒食品引起的食物中毒，发病率和病死率均较高。如有机磷农药、鼠药、某些金属或类金属化合物、亚硝酸盐等引起的食物中毒。

四、食物中毒常见原因

1. 生熟交叉污染。如熟食品被生的食品原料污染，或被与生的

食品原料接触过的表面（如容器、手、操作台等）污染，或接触熟食品的容器、手、操作台被生的食品原料污染。

2. 食品储存不当。如熟制高风险食品被长时间存放在 10 ℃至 60 ℃之间的温度条件下（在此温度下的存放时间应小于 2 小时），或易腐原料、半成品食品在不适当温度下长时间储存。

3. 食品未烧熟煮透。如食品烧制时间不足、烹饪前未彻底解冻等原因使食品加工时中心温度未达到 70 ℃。

4. 从业人员带菌污染食品。从业人员患有传染病或是带菌者或有手部化脓伤口的，操作时通过手部接触等方式污染食品。

5. 经长时间储存的食品食用前未彻底再加热至中心温度 70 ℃以上。

6. 进食未经加热处理的生食品。

五、引起食物中毒的常见食品

（一）河豚鱼

河豚鱼的肉质鲜美，但其内脏、卵巢、血液、鱼皮、鱼头等部位皆含剧毒，毒性可使人致命，因此民间有“拼死吃豚”之说。河豚鱼引起的中毒发生在食后的数分钟至 3 小时，症状为腹部不适、口唇端麻木、四肢乏力，继而麻痹甚至瘫痪、血压下降、昏迷，最后因呼吸麻痹而死亡。需要指出的是，“巴鱼”也是河豚鱼的一种，同样被禁止经营。根据国家法规规定，河豚鱼干制品（包括生制品和熟制品）也不得经营。

（二）高组胺鱼类

海产鱼类中的青皮红肉鱼，如鲐鱼（青专鱼）、金枪鱼、沙丁鱼、秋刀鱼等体内含有较多的组胺酸。当鱼体不新鲜或腐败时，组胺酸就会分解形成组胺，从而引起中毒。一般食用后数分钟至数小时会出现面部、胸部及全身皮肤潮红，眼结膜充血，并伴有头疼，头晕、心跳呼吸加快等，皮肤可出现斑疹或荨麻疹。

（三）四季豆、扁豆、荷兰豆

四季豆、扁豆、荷兰豆等豆荚类含有皂素、红细胞凝集素等有毒物质，这些物质可以通过烧熟煮透的方法加以去除。但如果烹调不当，就会引起中毒症状。一般发生在食用后的1～5小时，病人会出现恶心、呕吐、腹痛、腹泻、头晕、出冷汗等症状。

（四）生豆浆

生豆浆中含有皂素和抗胰蛋白酶等物质，饮用未经煮沸的豆浆可以30分钟至1小时内出现胃部不适、恶心、呕吐、腹胀、腹泻、头晕、无力等中毒症状。

（五）野蘑菇

野生蘑菇中的部分品种具有毒性，食用后可导致中毒甚至死亡。误食后的中毒症状因毒素种类的不同而不同，严重的可导致抽搐、痉挛、昏迷，甚至出现幻觉、溶血症状和肝脏损伤等症状，死亡率高。

（六）有机磷农药

有机磷化合物是一类高效、广谱杀虫剂，广泛用于农业，造成中毒的原因多是将刚喷洒过农药（尚未到安全间隔期）的蔬菜投放市场引起食用者急性中毒。典型的中毒表现为：一般在食用后2小时内发病，症状为头痛、头晕、恶心、呕吐、视力模糊等，严重者瞳孔缩小、呼吸困难、昏迷，可因呼吸衰竭而死亡。

（七）瘦肉精

瘦肉精的学名叫盐酸克伦特罗，不法养殖户在猪的饲料中添加这种物质以提高猪的瘦肉产量，人食用了含较高浓度瘦肉精残留的猪内脏或猪肉后，就会出现急性中毒症状。瘦肉精中毒一般发生在食用后的30分钟至2小时，主要表现为心跳加快、肌肉震颤、头晕、恶心、脸色潮红等症状。预后一般良好，但对于高血压、心脏病、糖尿病、甲亢、青光眼、前列腺肥大等疾病病人可能加重病情。

（八）亚硝酸盐

亚硝酸盐是一种白色或淡黄色结晶，味稍苦咸，外观颇似食盐。

它能使血红蛋白氧化成高铁血红蛋白，人摄入0.2～0.5克即能引起中毒，3克可使人致死。食品中亚硝酸盐的污染主要来源于：误把亚硝酸盐当作“食盐”或“味精”加入食物，腌肉、肴肉制品中加入过量亚硝酸盐或搅拌不匀，刚腌制不久的蔬菜（暴腌菜），存放过久或腐败的蔬菜。亚硝酸盐引起的食物中毒潜伏期为1～3小时，常表现为口唇、舌尖、指尖青紫等缺氧症状，自觉头晕、乏力、心率快、呼吸急促，严重者出现昏迷，甚至死亡。

（九）贝类毒素

贝类毒素中毒是由于食用受到赤潮毒素污染的海产贝类引起，中毒的表现根据毒素的不同，可为麻痹性、神经性、失忆性、腹泻性等。麻痹性贝类毒素食物中毒一般在进食后30分钟至2小时出现症状，包括口部及四肢麻木、刺痛、肠胃不适等，重者可因呼吸肌麻痹而死亡。织纹螺易引起麻痹性贝类毒素中毒，原卫生部明令公告餐饮单位不得采购、加工和销售。

六、预防食物中毒的基本方法

（一）细菌性食物中毒预防方法

预防细菌性食物中毒，应根据防止食品受到病原菌污染、控制病原菌的繁殖和杀灭病原菌三项基本原则采取措施，其关键点主要有：

1. 避免污染。即避免熟食品受到各种病原菌的污染。如避免生食品与熟食品接触；经常性洗手，接触直接入口食品的人员还应消毒手部；保持食品加工操作场所清洁；避免昆虫、鼠类等动物接触食品。

2. 控制温度。即控制适当的温度以保证杀灭食品中的病原菌或防止病原菌的生长繁殖。如加热食品应使中心温度达到70 ℃以上。贮存熟食品，要及时热藏，使食品温度保持在60 ℃以上，或者及时冷藏，把温度控制在10 ℃以下。

3. 控制时间。即尽量缩短食品存放时间，不给病原菌生长繁殖的机会。熟食品应尽量当餐食用；食品原料应尽快使用完。

4. 清洗和消毒。这是防止食品受到污染的主要措施。接触食品的所有物品应清洗干净，凡是接触直接入口食品的物品，还应在清洗的基础上进行消毒。一些生吃的蔬菜水果也应进行清洗消毒。

5. 控制加工量。食品的加工量应与加工条件相吻合。食品加工量超过加工场所和设备的承受能力时，难以做到按食品安全要求加工，极易造成食品污染，引起食物中毒。

（二）化学性食物中毒预防方法

1. 农药引起的食物中毒。蔬菜粗加工时以食品洗涤剂（洗洁精）溶液浸泡 30 分钟后再冲净，烹饪前再经烫泡 1 分钟，可有效去除蔬菜表面的大部分农药。

2. 豆浆引起的食物中毒。烧煮生豆浆时将上涌泡沫除净，煮沸后再以文火维持煮沸 5 分钟左右，可使其中的胰蛋白酶抑制物彻底分解破坏。应注意豆浆加热至 80℃时，会有许多泡沫上浮，出现“假沸”现象。

3. 四季豆引起的食物中毒。烹饪时先将四季豆放入开水中烫煮 10 分钟以上再炒。

4. 亚硝酸盐引起的食物中毒。加强亚硝酸盐的保管，避免误作食盐使用。

七、食物中毒应急处置程序

1. 立即停止供应、食用可疑中毒食物。

2. 采用指压咽部等紧急催吐办法尽快排出毒物。

3. 尽快将病人送附近医院救治。

4. 马上向上级主管部门和所在地铁路卫生监督所报告。

5. 注意保护好中毒现场，就地收集和就地封存一切可疑食品及其原料，禁止转移、销毁。

6. 配合卫生部门调查，落实卫生部门要求采取的各项措施。

自测题及参考答案

自 测 题

一、单选题

1. 引起副溶血性弧菌食物中毒的主要食品是(　　)。

A. 罐头食品　　B. 发酵食品　　C. 海产品

2. 下列食品中，容易引起食物中毒的是(　　)。

A. 常温下放置较长时间的青专鱼

B. 没有煮熟、外表呈青色的四季豆

C. 以上都是

3. 四季豆中含有(　　)，食用后能引起中毒，这种物质经加热后能被破坏。

A. 龙葵素　　B. 亚硝酸盐　　C. 皂素

4. 在隔夜米饭中较易发现的致病菌是(　　)。

A. 沙门菌

B. 蜡样芽孢杆菌

C. 副溶血性弧菌

5. 可在低于5℃条件下生长的致病菌是(　　)。

A. 金黄色葡萄球菌　　B. 李斯特菌　　C. 蜡样芽孢杆菌

6. 青专鱼特有的引起食物中毒的致病因素是(　　)。

A. 金黄色葡萄球菌　　B. 组胺　　C. 亚硝酸盐

7. 在海产品中经常能发现的致病菌是(　　)。

A. 副溶血性弧菌　　B. 沙门菌　　C. 痢疾杆菌

8. 沙门菌在下列哪种食品中最常见?(　　)

A. 家禽及蛋类　　B. 蔬菜　　C. 水产类

9. 以下哪种致病菌产生的毒素能够耐受通常的烹调加热条件？（　　）

A. 金黄色葡萄球菌

B. 沙门菌

C. 副溶血性弧菌

10. 以下哪种加工方式对于杀灭食品中的寄生虫效果最差？（　　）

A. 冷藏　　B. 冷冻　　C. 加热

11. 以下哪类危害是食物中毒最主要的原因？（　　）

A. 化学性危害和物理性危害　　B. 细菌和病毒

C. 寄生虫和霉菌

12. 大多数食物中毒致病菌快速生长繁殖的条件是（　　）。

A. 只能无氧　　B. 有氧或无氧　　C. 只能有氧

13. 下列哪种食品中的亚硝酸盐含量通常最高？（　　）

A. 咸鱼　　B. 熏肉　　C. 暴腌菜

14. 黄曲霉素最易污染哪种食品？（　　）

A. 水果　　B. 禽蛋类　　C. 粮油制品

15. 细菌生长繁殖良好的温度范围（即危险温度带）是（　　）。

A. −18 ℃～30 ℃　　B. 25 ℃～70 ℃　　C. 5 ℃～60 ℃

16. 以下哪种食物最可能引起亚硝酸盐食物中毒？（　　）

A. 变质的鱼肉　　B. 制作不当的腌肉、肴肉

C. 霉变的花生

17. 下列哪种鱼类属于含高组胺鱼类？（　　）

A. 河豚鱼　　B. 金枪鱼　　C. 青鱼

18. 下列哪种致病菌在酸性条件下最可能被杀灭？（　　）

A. 副溶血性弧菌　　B. 致病性大肠杆菌　　C. 变形杆菌

19. 细菌通常不能在 pH≤（　　）或 pH≥（　　）食品中繁殖。

A. 4.6，9.0　　B. 4.6，7.0　　C. 7.0，9.0

20. 最有可能致人死亡的致病菌是(　　)。

A. 金黄色葡萄球菌　　B. 沙门菌　　C. 肉毒梭菌

21. 大多数类型的细菌每(　　)分钟就能繁殖一代。

A. 10～20　　B. 30～60　　C. 3～5

22. 致病菌只能在水分活性高于(　　)的食品中生长。

A. 0.85　　B. 0.90　　C. 0.95

23. 一个细菌经过(　　)小时就能繁殖到数以百万计的数量，足以使人发生食物中毒。

A. 1～2　　B. 4～5　　C. 8～10

24. 加入糖、盐、酒精等可以使食品中的(　　)降低，抑制细菌的生长繁殖。

A. pH　　B. 含氧量　　C. 温度和水分活性

25. 在实际情况下，控制食品中细菌生长繁殖最常采取的措施是(　　)。

A. 时间和温度　　B. pH 和氧气

C. 温度和水分活性

26. 大多数的细菌喜欢(　　)含量高的食物。

A. 蛋白质或碳水化合物

B. 蛋白质或脂肪

C. 碳水化合物或脂肪

27. 以下哪种食品中细菌最易生长？(　　)

A. 柠檬　　B. 裱花蛋糕　　C. 罐头和酱类

28. 肉毒梭菌在以下哪组食品中最易生长？(　　)

A. 罐头和肉类　　B. 酱类和腌腊肉　　C. 罐头和酱类

29. 防止甲型肝炎发生最有效的措施是(　　)。

A. 控制食品保存的温度和时间

B. 食品烧熟煮透和有效的洗手

C. 控制食品的 pH 和水分活性

30. 为去除生豆浆中含有的皂素和抗胰蛋白酶等物质，豆浆在煮沸后一般应维持沸腾(　　)分钟。

A. 1　　B. 3　　C. 5

31. 以下哪种是卫生部门公告规定禁止餐饮业采购、加工和销售的贝类？(　　)

A. 福寿螺　　B. 黄泥螺　　C. 织纹螺

32. 以下哪一类食物中毒在餐饮业最常见？(　　)

A. 化学性食物中毒　　B. 细菌性食物中毒

C. 真菌性食物中毒

33. 可能发生细菌食物中毒的原因有(　　)。

A. 生熟食品容器放在一起

B. 食物原料烹调前未彻底解冻

C. 以上都是

34. 细菌性食物中毒的好发季节是(　　)。

A. 1～4 月　　B. 5～10 月　　C. 10～12 月

35. 餐饮业细菌性食物中毒最常见的原因是(　　)。

A. 交叉污染　　B. 食品未烧熟、煮透　　C. 熟食贮存不当

36. 以下哪项不是预防细菌性食物中毒的基本原则？(　　)

A. 防止食品受到细菌的污染　　B. 控制细菌生长繁殖

C. 杀灭所有的细菌

37. 下列哪项不是细菌性食物中毒的常见原因？(　　)

A. 交叉污染　　B. 未烧熟、煮透　　C. 食品原料中含有致病菌

38. 烧熟煮透的烹调加工过程，可达到(　　)的目的。

A. 杀灭病原菌　　B. 破坏细菌毒素　　C. 防止细菌污染

39. 从业人员手部皮肤有破损、化脓，伤口最可能携带(　　)。

A. 沙门菌　　B. 金黄色葡萄球菌　　C. 肉毒杆菌

40. 以下哪种不属于具有潜在危害的食品？(　　)

A. 裱花蛋糕　　B. 苏打饼干　　C. 米饭

41. 以下哪种属于具有潜在危害的食品？（　　）

A. 生的咸肉　　B. 熟的咸鸡　　C. 生的腊肉

42. 以下哪种属于具有潜在危害的食品？（　　）

A. 生的青菜　　B. 生的卷面　　C. 切开的西瓜

43. 以下哪种不属于具有潜在危害的食品？（　　）

A. 鲜蛋　　B. 豆腐　　C. 鱼干

44. 以下哪种方法不能进行有效的消毒？（　　）

A. 热水冲洗　　B. 蒸汽或煮沸　　C. 消毒液浸泡

45. 以下哪种食品应按成品对待？（　　）

A. 待调味的凉拌黄瓜　　B. 待加工的烧鸭胚

C. 仓库内的咸鱼

46. 以下哪种情形不符合食品安全要求？（　　）

A. 容器经清洗后盛装冷菜

B. 在专用冰箱内存放冷菜

C. 在专门区域进行分餐操作

47. 以下哪项措施不能最大限度杀灭食品中或容器表面的致病菌？（　　）

A. 彻底加热　　B. 严格消毒　　C. 彻底清洗

48. 以下哪项是学生集体用餐允许订购的食品？（　　）

A. 隔餐的剩余食品　　B. 冷菜凉菜食品

C. 经过再加热的食品　　D. 以上都不是

49. 以下哪项不是采购环节应开展的活动？（　　）

A. 索取发票等购货凭据　　B. 入库后进行验收

C. 做好采购记录

50. 下列对原料验收项目阐述最完整的是（　　）。

A. 感官、温度、索证证明

B. 标签、索证证明、运输车辆

C. 感官、标签、温度、索证证明、运输车辆

51. 采购食品原料应查验的证明包括（　　）。

A. 生产、流通许可证　　B. 检验合格证

C. 以上都是

52. 按照有关规定，采购（　　）要索取统一的送货单。

A. 熟食卤味和豆制品

B. 畜禽类和豆制品

C. 活禽及熟食

53. 豆制品送货单、熟食送货单应由（　　）出具。

A. 产品生产单位　　B. 食品监管部门　　C. 两者均可

54. 采购加工食品应索取（　　）出具的该批次产品的检验合格证。

A. 检验机构　　B. 生产企业　　C. 两者均可

55. 畜禽肉检疫合格证明应由（　　）出具。

A. 食品监管部门　　B. 动物卫生监督部门　　C. 屠宰场

56. 关于定型包装食品标签应标示的内容以下最正确的是（　　）。

A. 品名、厂名、生产日期、保质期限、保存条件、食用或者使用方法

B. 品名、商标、厂名、生产日期、保质期限、食用或者使用方法、说明书

C. 品名、产地、厂名、生产日期、保存期限、食用或者使用方法、净含量

57. 下列哪项不是保证食品安全的贮存措施？（　　）

A. 食品库房内设专用场所存放职工饮水杯

B. 对进出库房的食品进行登记

C. 植物性食品、动物性食品和水产品分类贮存

58. 保证所贮存食品新鲜程度的有效方法是（　　）。

A. 先进先出　　B. 先进后出　　C. 后进先出

59. 下列处理不符合安全要求食品的方法哪种不妥？（　　）

A. 及时清除和销毁超过保质期的食品

B. 设置专门的存放场所放置不符合要求的食品

C. 销毁食品时为避免污染，应不拆封直接丢弃

60. 以下不是低温保存食品原理的是（　　）。

A. 降低微生物生长繁殖和代谢活动

B. 降低酶的活性和食物内化学反应的速度

C. 杀灭所有微生物

61.《餐饮业和集体用餐配送单位卫生规范》规定，食品原料、半成品、成品在冷藏冷冻贮存时应做到（　　）。

A. 不得在同一冰室内存放

B. 在同一冰室内固定存放

C. 在同一冰室内分区存放

62. 以下关于食品冷藏、冷冻贮存的做法，不符合《餐饮业和集体用餐配送单位卫生规范》规定的是（　　）。

A. 原料与半成品可在冰箱同一冰室内存放，但不得与成品在同一冰室内存放

B. 食品在冷藏、冷冻柜（库）存放时，应做到动物性食品、植物性食品和水产品分类摆放

C. 冷藏、冷冻贮藏时，为确保食品中心温度，不得将食品堆积、挤压存放

63. 以下有关不同种类食品的理想保存温度条件，正确的是（　　）。

A. 禽肉类、水产品的保存温度应与蔬菜、水果一样

B. 禽肉类、水产品的保存温度应比蔬菜、水果要高

C. 禽肉类、水产品的保存温度应比蔬菜、水果要低

64. 为保证冷藏效果，冷库（冰箱）内的环境温度与食品中心温度相比应(　　)。

A. 至少低 5 ℃　B. 至少低 1 ℃　C. 保持一致

65. 冷冻最适宜的温度范围为(　　)。

A. 0 ℃以下　B. −10 ℃以下　C. −18 ℃以下

66. 常温贮存不适用于下列哪类食品？(　　)

A. 调味品　B. 蔬菜　C. 切开的水果

67. 常温贮存适宜的温度范围为(　　)。

A. 0 ℃～20 ℃　B. 10 ℃～20 ℃　C. 5 ℃～25 ℃

68. 常温贮存适宜的湿度范围为(　　)。

A. 20%～80%　B. 50%～60%　C. 30%～70%

69.《餐饮业和集体用餐配送单位卫生规范》规定食品应与墙壁、地面保持的距离是(　　)。

A. 与墙壁保持 10 厘米以上，与地面保持 5 厘米以上

B. 均保持 10 厘米以上

C. 与墙壁保持 5 厘米以上，与地面保持 10 厘米以上

70. 鲜肉、禽类、鱼类和乳制品的最佳冷藏温度为(　　)。

A. 5 ℃以下　B. 7 ℃以下　C. 10 ℃以下

71. 为杀灭生食鱼类中可能存在的寄生虫，下列哪项措施正确？(　　)

A. −20 ℃冷冻 7 天　B. 0 ℃冷藏 15 天

C. −35 ℃冷冻 15 小时

72. 关于蛋类的贮存，下列措施最正确的是(　　)。

A. 验收合格后，于 7 ℃以下贮存，加工前进行清洗

B. 验收合格后，立即清洗消毒，并于 7 ℃以下贮存

C. 验收后可以立即清洗，也可以在加工前进行清洗

73. 贮存蔬菜的冷库最适宜的相对湿度是(　　)。

A. 45%～65%　B. 55%～75%　C. 85%～95%

74. 定型包装食品一旦拆封后，最佳贮存温度为(　　)。

A. 5 ℃以下　　B. 7 ℃以下　　C. 10 ℃以下

75. 根据《餐饮业和集体用餐配送单位卫生规范》，可与食品同处存放的是(　　)。

A. 食品添加剂　　B. 一次性塑料饭盒　　C. 食品消毒剂

76. 以下哪项措施有助于使食品尽快冻结？(　　)

A. 食品分成小批量进行冷冻

B. 食品加工后及时放入低温冷冻库

C. 食品加工后及时放入冰箱冷冻室

77. 以下应标识使用期限的食品是(　　)。

A. 未拆封的牛奶

B. 上浆后的肉丝

C. 散装粉丝

78. 以下哪种是在冷藏知条件下，使用时间期限通常为最短的食品原料？(　　)

A. 整块生肉　　B. 生肉糜　　C. 生鸡蛋

79. 原料加工的主要目的是(　　)。

A. 去除原料中的污染物及不可食部分

B. 防止食品中营养成分的流失

C. 避免不同种类食品的交叉污染

80. 不得加工的已死亡水产是(　　)。

A. 螃蟹、蟛蜞、螯虾　　B. 黄鳝、甲鱼、乌鱼

C. 贝壳类以及一矾或二矾海蜇

81. 以下哪项不是正确的解冻方法？(　　)

A. 在室温下自然解冻　　B. 在流动水中解冻

C. 在冷藏条件下解冻

82. 体积较大的食品，不宜使用下列哪种解冻方法？(　　)

A. 冷藏解冻　　B. 微波解冻　　C. 流动水解冻

83. 每次从冷库内取出原料进行加工，为确保安全主要应控制(　　)。

A. 数量　B. 温度　C. 品种

84. 不要反复对食品进行解冻、冷冻的原因是(　　)。

A. 防止造成微生物大量繁殖

B. 防止造成营养成分流失，影响食品品质

C. 以上都是

85. 需要上浆、腌制后放置一定时间再烹调的原料，最适宜的贮存条件是(　　)。

A. 常温

B. 5 ℃

C. −5 ℃以下冷冻

86. 为避免交叉污染，以下哪种说法不正确？(　　)。

A. 动物性食品、植物性食品应分池清洗

B. 水产品宜在专用水池清洗

C. 除蔬菜外的其他原料均不得与餐饮具在同一水清洗

87. 原料加工中的交叉污染，主要包括(　　)。

A. 原料、半成品、成品的交叉污染

B. 不同种类食品原料的交叉污染

C. 以上都是

88. 粗加工避免交叉污染的措施包括(　　)。

A. 动物性食品、植物性食品分池清洗，水产品在专用水池清洗

B. 肉、禽、水产、蔬果所用的刀、墩、案、盆、池等分开使用

C. 以上都是

89. 下列与鸡蛋有关的操作，正确的是(　　)。

A. 应放入洁净的盛放蛋液的容器中

B. 进货后及时清洗、贮存

C. 使用前应对外壳进行清洗，必要时消毒处理

90. 下列哪种方法去除蔬菜中可能含有的农药的效果最佳？(　　)

A. 用洗洁精溶液浸泡 30 分钟后再冲净

B. 用稀释白醋浸泡 30 分钟后再冲净

C. 用将水浸泡 30 分钟后再冲净

91. 下列哪种水产在加工中如不注意冷藏，可产生组胺？(　　)

A. 鲤鱼　　B. 沙丁鱼　　C. 虾

92. 《餐饮业和集体用餐配送单位卫生规范》规定烹调食品应使中心温度达到(　　)。

A. 60 ℃以上　　B. 70 ℃以上　　C. 90 ℃以上

93. 在 10 ℃～60 ℃温度条件下放置 2 小时以上的熟制具有潜在危害的食品应(　　)。

A. 允许供应

B. 允许再加热后供应

C. 确认未变质前提下允许再加热后供应

94. 《餐饮业和集体用餐配送单位卫生规范》规定，烹调加工后的成品应当与食品(　　)分开存放。

A. 原料　　B. 半成品　　C. 以上都是

95. 食品烹调中，测量中心温度时应选择(　　)的食品。

A. 面积最大　　B. 体积最大　　C. 面积和体积都中等

96. 以下哪项是避免烹调加工中交叉污染的主要措施？(　　)

A. 生熟食品容器以明显标记区分

B. 厨师操作前严格进行手的消毒　　C. 以上都是

97. 为避免熟食品受到污染，以下做法正确的是(　　)。

A. 生食品放置在操作台，熟食品放置在操作台上方的搁架上

B. 熟食品放置在操作台，生食品放置在操作台上方的搁架上

C. 生食品和熟食品可以都放在操作台上，但必须要用保鲜膜包裹好

98. 以下最应该进行严格消毒的是(　　)。

A. 烹调间厨师的手

B. 食堂备餐间（打菜间）的菜盘

C. 烹调间的操作台

99. 食品再加热时，能加快食品温度升高速度而不影响食品品质的措施是(　)。

A. 提高加热速度　　B. 短时多次再加热　　C. 搅拌食品

100. 关于食品再加热，以下哪种说法不正确？(　　)

A. 加热时中心温度应高于 70 ℃

B. 冷冻熟食品应彻底解冻后再进行加热

C. 食品再加热不要超过 2 次

101. 以下哪种温度计不适合测量食品的中心温度？(　　)

A. 双金属温度计

B. 热电偶温度计

C. 红外线温度计

102. 下列使用温度计的注意事项中，哪项不正确？(　　)

A. 温度计使用前，应用热水和清洁剂清洁

B. 消毒温度计可用沸水或酒精

C. 为准确测温，温度计的探针最好触及到容器底部

103. 温度计的校准方法不包括下列哪项？(　　)

A. 冰点方法　B. 沸点方法　C. 热点方法

104. 以下哪种说法是正确的？(　　)

A. 蔬菜粗加工时以食品洗涤剂溶液浸泡 30 分钟后再冲净，烹调前再经烫泡 1 分钟，可有效去除蔬菜表面的大部分农药

B. 生豆浆煮至泡沫上浮，撇去泡沫即可去除豆浆中的胰蛋白酶抑制物等引起食物中毒的物质

C. 烹调时先将四季豆放入开水中烫煮 10 分钟以上再炒，可避免四季豆引起的食物中毒

105. 以下关于杀灭致病微生物的食品中心温度和时间的提法，最正确的是（　　）。

A. 75 ℃15 秒以上　　B. 65 ℃15 秒以上　　C. 60 ℃15 秒以上

106. 《餐饮业和集体用餐配送单位卫生规范》规定，温度低于（　　）、高于（　　）条件下放置（　　）以上的熟食品，需再次利用的应充分加热。

A. 60 ℃，10 ℃，2 小时　　B. 60 ℃，15 ℃，3 小时

C. 70 ℃，15 ℃，4 小时

107. 《餐饮业和集体用餐配送单位卫生规范》的规定，食品再加热中心温度至少应高于（　　）。

A. 50 ℃　　B. 60 ℃　　C. 70 ℃

108. 根据《餐饮业和集体用餐配送单位卫生规范》的规定，回收后的食品（　　）。

A. 经烹调加工后再次供应

B. 不得以任何形式再次供应

C. 可与其他食材混合加工后供应

109. 冷冻熟食品彻底解冻后（　　）食用。

A. 即可　　B. 经充分加热方可　　C. 经适度加热方可

110. 以下何种方法可以有效预防四季豆食物中毒？（　　）

A. 热水烫 10 分钟以上再炒　　B. 水中浸泡 10 分钟以上再炒

C. 开水中烫煮 10 分钟以上再炒

111. 预防豆浆食物中毒的正确做法是（　　）。

A. 烧煮时将上涌泡沫除净，煮沸后再以文火维持沸腾 5 分钟左右

B. 将豆浆烧煮至泡沫上浮，撇去泡沫后以文火维持 5 分钟左右

C. 将生豆浆用开水进行稀释处理

112. 以下可能造成烹调时未烧熟煮透的操作是（　　）。

A. 一批加工量过大　　B. 烹调前未彻底解冻　　C. 以上都是

113. 以下可能造成烹调时未烧熟煮透的操作是(　　)。

A. 先将食品制成半熟的半成品，供应前再进行短时烹调

B. 食品体积过大　　C. 以上都是

114.《学校食堂与学生集体用餐卫生管理规定》中规定，食堂剩余食品必须冷藏，冷藏时间不得超过(　　)。

A. 12 小时　　B. 24 小时　　C. 当天

115.《餐饮业和集体用餐配送单位卫生规范》未规定必须在专间操作的是(　　)。

A. 熟食配制　　B. 加工裱花蛋糕　　C. 制作鲜榨果汁

116.《餐饮业和集体用餐配送单位卫生规范》规定必须在专间内操作的是(　　)。

A. 凉菜配制　　B. 生食海产品加工　　C. 制作水果拼盘

117.《餐饮业和集体用餐配送单位卫生规范》规定专间使用前对空气和操作台进行消毒的频率应当为(　　)。

A. 每天一次　　B. 半天一次　　C. 每餐次一次

118.《餐饮业和集体用餐配送单位卫生规范》规定，凉菜专间使用紫外线消毒的，应在无人工作时开启(　　)以上。

A. 15 分钟　　B. 30 分钟　　C. 1 小时

119. 下列哪些物品不得入凉菜专间？(　　)

A. 待清洗消毒的水果　　B. 热厨房的工具　　C. 以上都是

120. 根据《餐饮业和集体用餐配送单位卫生规范》规定，以下做法正确的是：(　　)。

A. 专间操作人员在专间操作时清洗、消毒双手

B. 专间在操作时开启紫外线灯进行空气消毒

C. 水果加工前在专间内进行严格清洗消毒

121.《餐饮业和集体用餐配送单位卫生规范》规定，盛装凉菜的内容器或盘蝶在使用前应(　　)。

A. 消毒　　B. 灭菌　　C. 洗净并保持清洁

122. 根据《餐饮业和集体用餐配送单位卫生规范》规定，制作好的凉菜应尽量当餐用完，剩余凉菜(　　)。

A. 放置于专间操作台，使用前进行再热

B. 存放于专用冰箱内，下一餐供应食用

C. 存放于专用冰箱内冷藏或冷冻

D. 不得再供应

123. 根据《餐饮业和集体用餐配送单位卫生规范》规定，生食海产品加工(　　)。

A. 应使用水产品专用工具和容器

B. 应使用生食海产品的专用工具和容器

C. 没有要求

124.《餐饮业和集体用餐配送单位卫生规范》对于鲜榨果蔬汁及水果拼盘的要求是(　　)。

A. 当餐用完

B. 存放于专用冰箱内，下一餐供应食用

C. 当天用完

125. 根据《餐饮业和集体用餐配送单位卫生规范》规定，对于从事现榨果蔬汁和水果拼盘的人员应做到的安全要求，以下最正确的是(　　)。

A. 操作前应更衣、洗手并进行手部消毒，操作时佩戴口罩

B. 操作前应洗手并消毒，操作时佩戴口罩

C. 操作前应更衣、洗手并消毒

126. 用做拼盘和鲜榨蔬果汁的蔬菜和水果，在送入专间前应(　　)。

A. 清洗　　B. 消毒　　C. 以上都是

127.《餐饮业和集体用餐配送单位卫生规范》规定，蛋糕胚应在专用冰箱中贮存，贮存温度至少应在(　　)以下。

A. 0 ℃　　B. 5 ℃　　C. 10 ℃

128.《餐饮业和集体用餐配送单位卫生规范》规定，蛋白裱花蛋糕、奶油裱花蛋糕、人造奶油裱花蛋糕贮存温度不得超过(　　)。

A. 0 ℃　　B. 10 ℃　　C. 20 ℃

129.《餐饮业和集体用餐配送单位卫生规范》规定，植脂裱花蛋糕应当在(　　)温度条件下贮存。

A. 3 ℃左右　　B. 10 ℃左右　　C. 20 ℃左右

130.《餐饮业和集体用餐配送单位卫生规范》规定，加工裱花蛋糕用的裱浆和经清洗消毒后的新鲜水果应(　　)。

A. 在加工当天使用完毕

B. 在 2 天内使用完毕

C. 在 3 天内使用完毕

131.《餐饮业和集体用餐配送单位卫生规范》规定，生食海产品加工至食用的间隔时间不得超过(　　)。

A. 1 小时　　B. 2 小时　　C. 4 小时

132. 冷菜中致病微生物的污染主要来自于(　　)。

A. 食品原料本身含有

B. 熟制烹调时未烧熟煮透

C. 熟制后的改刀、凉拌加工过程

133. 以下水产品中不适合作为生食的是：(　　)。

A. 三文鱼　　B. 龙虾　　C. 鲈鱼

134. 以下哪种是安全的冷却方法？(　　)

A. 食物在 4 小时之内冷却至 10 ℃以下

B. 食物在 2 小时内从 60 ℃以上冷却至 20 ℃，再在 4 小时内从 20 ℃冷却至 5 ℃或更低

C. 食物放入冰箱速冻室内急速冷却

135. 热藏方式备餐要求具有潜在危害的食品应至少在(　　)以上保存。

A. 50 ℃　　B. 60 ℃　　C. 70 ℃

136. 冷藏方式备餐要求具有潜在危害的食品应至少在(　　)以下保存。

A. 0 ℃　　B. 10 ℃　　C. 15 ℃

137. 自助餐添加食物时，以下做法正确的是：(　　)。

A. 尽量等前批食物基本用完后再添加新的一批

B. 直接将新食物加载剩余的少量食物表面

C. 尽量使盛器中放满食品

138. 提供给顾客使用的餐饮具应事先经过(　　)处理。

A. 清洗　　B. 灭菌　　C. 消毒

139. 正确处理顾客食用后剩余食物的方法是：(　　)。

A. 回收经再次加工后供应给顾客食用

B. 作废弃物处理

C. 回收后给企业员工食用

140. 餐用具消毒的目的是(　　)。

A. 去除表面的污垢

B. 杀灭致病性微生物

C. 杀灭所有的微生物

141. 餐饮具和工用具的消毒方法应首选(　　)。

A. 消毒液　　B. 紫外线　　C. 蒸煮

142. 《餐饮业和集体用餐配送单位卫生规范》中推荐的含氯消毒药物消毒餐饮具的方法是：使用浓度应含有效氯(　　)ppm 以上，餐用具全部浸泡如液体中，作用(　　)分钟以上。

A. 150，3　　B. 250，5　　C. 350，8

143. 某食堂盛装熟菜的不锈钢盆因体积太大无法放入洗碗机和蒸箱，该食堂应如何处理这些不锈钢盆？(　　)

A. 在专用水池内用洗涤剂清洗

B. 在放有消毒液的专用水池中浸泡

C. 在专用水池内用沸水冲洗

144. 以下餐具消毒方法不正确的是：（　）。

A. 煮沸　B. 蒸汽　C. 热水冲洗

145. 以下关于清洁效果的说法不正确的是：（　）。

A. 时间较长的、干的污垢一般较软的或新产生的污垢不容易去除

B. 硬度太低的水会降低清洗效果

C. 通常水温越高，越容易清洗

146.《餐饮业和集体用餐配送单位卫生规范》中推荐的煮沸消毒的方法是：（　）。

A. 煮沸后即可　B. 煮沸后保持 5 分钟以上

C. 煮沸后保持 10 分钟以上

147. 以下哪种消毒方法用于不锈钢餐盘的效果最佳？（　）

A. 酒精消毒　B. 含氯制剂消毒　C. 臭氧消毒

148. 使用含氯消毒剂餐具、杯具，有效氯浓度通常应在（　）以上。

A. 100 毫克/升　B. 150 毫克/升　C. 250 毫克/升

149. 以下有关餐具清洗消毒的说法，哪一种不正确？（　）

A. 洗刷餐具应有专用水池，不得与清洗蔬菜、肉类等其他水池混用

B. 消毒后餐具应及时贮存在专用保洁柜内

C. 化学消毒是效果最好的消毒方法

150.《餐饮业和集体用餐配送单位卫生规范》规定，餐饮具采用化学消毒的，至少应设有（　）个专用水池。

A. 2　B. 3　C. 4

151. 以下在食用前可以不经消毒的容器是：（　）。

A. 盛放待调味的海蜇（事先经清洗）的容器

B. 盛放带烹调半成品（事先经油炸）的容器

C. 盛放待分装至盒饭的饭菜的容器

152.《餐饮业和集体用餐配送单位卫生规范》规定，废弃物至少应(　　)清除一次，清楚废气物后的容器应及时清洗，必要时进行消毒。

A. 半天　　B. 1 天　　C. 2 天

153. 以下集中消毒方式中，消毒效果最好的通常是(　　)。

A. 红外消毒　　B. 消毒液消毒　　C. 蒸汽消毒

154. 餐饮业和集体用餐配送单位卫生规范》规定，抹布一般应采用(　　)布料制作，以便及时发现污物。

A. 浅色　　B. 深色　　C. 白色

155. 碘伏适宜消毒的对象是：(　　)。

A. 餐具　　B. 手　　C. 食品

156. 拖把、抹布等清洁工具和物品应(　　)。

A. 有专门的贮存间存放

B. 有专门的场所存放

C. 以上均可

157. 关于餐具和食品工用具贮存的要求，不正确的是：(　　)。

A. 采用密闭的保洁柜

B. 保洁柜应定期进行清洁消毒

C. 食品工用具存放应将食品接触面向上

158. 按照《餐饮业和集体用餐配送单位卫生规范》规定，专间操作人员的工作服应(　　)更换。

A. 每天　　B. 每 2 天　　C. 每 3 天

159. 冷菜间操作人员在哪些情况下，应将手洗净、消毒？(　　)

A. 开始工作前　　B. 出冷菜间后重新进入冷菜间

C. 以上都是

160. 食品从业人员有下列哪些情况时应及时调离岗位？(　　)

A. 手指割伤　　B. 咽痛、发热　　C. 以上都是

161. 关于食品从业人员手部卫生，以下哪项不正确？（　　）

A. 按照要求洗手可以去除手上的污物和大部分的微生物

B.《餐饮业和集体用餐配送单位卫生规范》规定，戴手套可代替洗手

C. 手部不要触碰与操作台接触的工作服，避免工作服上的污垢污染手部

162.《餐饮业和集体用餐配送单位卫生规范》规定，待清洗的工作服应放在：（　　）。

A. 远离食品处理区　　B. 食品处理区内　　C. 以上都不是

163. 食品从业人员至少应（　　）进行一次健康检查。

A. 每半年　　B. 每年　　C. 每 2 年

164.（　　）的卫生是从业人员个人卫生中最为重要的部分。

A. 手部　　B. 头部　　C. 工作服

165. 食品从业人员操作时不得佩戴（　　）。

A. 戒指　　B. 手表　　C. 以上都是

166.《餐饮业和集体用餐配送单位卫生规范》规定，食品从业人员不得在食品加工场所内从事下列活动：（　　）。

A. 吃饭　　B. 抽烟　　C. 以上都是

167.《餐饮业和集体用餐配送单位卫生规范》推荐的洗手程序中，食品从业人员洗手时双手互相搓擦至少应达到（　　）秒。

A. 10　　B. 20　　C. 30

168. 按照《餐饮业和集体用餐配送单位卫生规范》规定，每名从业人员至少应有（　　）套工作服。

A. 1　　B. 2　　C. 3

169.《餐饮业和集体用餐配送单位卫生规范》规定，从业人员上厕所前应在（　　）脱去工作服。

A. 食品处理区内　　B. 食品处理区外

C. 以上都不是

170. 以下哪项是虫害生存所需的条件?(　　)

A. 食物和水

B. 不易受到干扰和温暖的场所

C. 以上都是

171. 使用捕鼠器械和毒饵时应注意:(　　)。

A. 沿着墙壁、墙角或鼠类经常活动的路径设置

B. 捕鼠器中诱鼠用的食物应新鲜　　C. 以上都是

172. 预防虫害侵入的措施包括:(　　)。

A. 清除虫害的藏身地点　　B. 断绝虫害的食物来源

C. 以上都是

173. 使用杀虫剂、灭鼠药时,首先应注意的是:(　　)。

A. 虫害杀灭的效果

B. 是否会对食品和操作设备造成污染

C. 以上都是

174.《餐饮业和集体用餐配送单位卫生规范》规定,排水沟出口和排气口应有网眼孔径小于(　　)的金属网栅或网罩,以防老鼠侵入。

A. 6 毫米　　B. 10 毫米　　C. 1 毫米

175.《餐饮业和集体用餐配送单位卫生规范》规定,使用灭蝇灯的,应悬挂于距地面(　　)左右高度,且应与食品加工操作保持一定距离。

A. 1.0 米　　B. 1.5 米　　C. 2.0 米

176. 灭蝇灯宜设置在(　　)。

A. 库房或厨房门进门口、墙边

B. 食品加工操作区域上方

C. 以上都是

177. 杀灭虫害的方式,通常应首选(　　)。

A. 器械　　B. 药物　　C. 以上都不是

178. 使用药物杀灭虫害应注意：(　　)。

A. 不得在食物加工期间使用，用药时要将所有食物和工用具盖好加以保护

B. 用药后场所内的任何设备、食具及食物接触面均须彻底清洁

C. 以上都是

179. 餐饮加工经营场所捕鼠器械适宜放置的位置是：(　　)。

A. 沿着墙壁、墙角　　B. 厨房内食物较多处　　C. 以上都是

180.《餐饮业和集体用餐配送单位卫生规范》规定，餐饮单位离开粪坑、污水池、垃圾场（站）等污染源的距离应在(　　)米以上。

A. 10　　B. 20　　C. 25

181.《餐饮业和集体用餐配送单位卫生规范》规定，餐饮单位食品处理区的墙壁、天花板应为(　　)。

A. 浅色　　B. 白色　　C. 深色

182.《餐饮业和集体用餐配送单位卫生规范》规定，食品加工处理区域中(　　)的门应能自动关闭。

A. 与外界直接相通　　B. 各类专间　　C. 以上都是

183.《餐饮业和集体用餐配送单位卫生规范》规定，食品加工处理区域窗户不宜设室内窗台，若有窗台台面应(　　)。

A. 与窗户保持水平　　B. 向内侧倾斜　　C. 向外侧倾斜

184.《餐饮业和集体用餐配送单位卫生规范》规定，与外界直接相通的门应设：(　　)。

A. 易于拆下清洗且不生锈的防蝇纱网

B. 空气幕

C. 以上均可

185.《餐饮业和集体用餐配送单位卫生规范》规定，专间内紫外线灯距离地面应在(　　)米以内。

A. 1.5　　B. 2　　C. 2.5

186.《餐饮业和集体用餐配送单位卫生规范》规定，供应自助餐的餐饮单位和无备餐专间的快餐店、食堂的就餐场所应：(　　)。

A. 窗户为封闭式或装有防蝇防尘设施

B. 门设有防蝇防尘设施，以设空气幕为宜　　C. 以上都应达到

187.《餐饮业食品卫生管理办法》规定，厨房切配烹饪场所的最小使用面积不得小于(　　)平方米。

A. 8　　B. 10　　C. 15

188.《餐饮业和集体用餐配送单位卫生规范》规定，各类专间墙裙的高度应(　　)。

A. 1 米以上　　B. 到顶　　C. 1.5 米以上

189. 进行(　　)操作的，应分别设置相应专间。

A. 凉菜配制　　B. 蛋糕裱花　　C. 以上都是

190. 凉菜间的温度不得高于(　　)℃。

A. 20　　B. 25　　C. 30

191. 按照《餐饮业和集体用餐配送单位卫生规范》规定，以下哪种材质不适合用作粗加工、切配、餐用具清洗消毒等场所和各类专间的门？(　　)

A. 塑钢　　B. 防水耐火板　　C. 未漆的木门

192. 餐饮单位在加工经营场所外设立畜禽动物圈养、宰杀场所的，应距离加工经营场所(　　)以上。

A. 10 米　　B. 20 米　　C. 25 米

193. 按照《餐饮业和集体用餐配送单位卫生规范》规定，以下哪种材质不适合作为墙裙？(　　)

A. 瓷砖　　B. 涂料　　C. 铝合金

194.《餐饮业和集体用餐配送单位卫生规范》规定，专间以紫外线灯作为空气消毒装置的，紫外线灯（波长 200～275 纳米）应按功率不小于(　　)瓦/立方米设置，且应分布均匀。

A. 1.5　　B. 2.5　　C. 5.0

195. 以下哪种洗手消毒设施不符合《餐饮业和集体用餐配送单位卫生规范》要求?(　　)

A. 感应式　　B. 自动关闭式　　C. 手动开关式

196.《餐饮业和集体用餐配送单位卫生规范》规定，烹调场所应采用(　　)。

A. 机械排风　　B. 自然通风　　C. 以上都可

197. 餐饮单位加工操作场所的面积应与(　　)相适应。

A. 就餐场所面积　　B. 供应的最大就餐人数　　C. 以上都是

198. 食品原料与成品的通道与出入口如不能分开，可采用以下方法避免食品收到污染：(　　)。

A. 原料、成品进出的时段分开

B. 采用不同的专用密闭式车辆分别运送原料或成品

C. 以上均可

199.《餐饮业和集体用餐配送单位卫生规范》规定，食品安全的第一责任人是：(　　)。

A. 法定代表人或负责人

B. 食品安全管理人员

C. 关键环节岗位操作人员

200.《餐饮业和集体用餐配送单位卫生规范》规定，加工经营场所面积(　　)平方米以上的餐馆需设专职食品安全管理人员。

A. 1 000　　B. 1 500　　C. 2 000

201. 关于食品安全管理人员的设置，以下正确的是：(　　)。

A. 所有餐饮服务提供者必须设置专职食品安全管理人员

B. 盒饭、桶饭生产单位应设置专职食品安全管理人员

C. 连锁餐饮业应在每家门店设置专职食品安全管理人员

202. 一家餐饮服务提供者的食品安全状况主要取决于：(　　)。

A. 监督部门监管　　B. 自身的安全管理

C. 硬件设施设备

203.《学校食堂与学生集体用餐卫生管理规定》规定，学校食品安全管理实行(　　)。

A. 主管校长负责制

B. 教育行政部门负责制

C. 食品安全管理人员负责制

204. 企业发生责任性重大食物中毒事件后，最可能追究法律责任的是(　　)。

A. 企业领导　　B. 食品安全管理人员　　C. 部门经理

205. 反映人和温血动物粪便污染的指标是(　　)。

A. 大肠菌群　　B. 细菌总数　　C. 以上都是

206. 根据《餐饮业和集体用餐配送单位卫生规范》规定，以上哪些单位应设置检验室，对原料、餐用具和成品进行检验？(　　)

A. 面积 1 000 平方米以上及连锁餐饮业经营者

B. 面积 2 000 平方米以上及连锁餐饮业经营者

C. 面积 3 000 平方米以上及连锁餐饮业经营者

207. 企业领导层对于企业食品安全管理应在哪些方面进行支持？(　　)

A. 赋予食品安全管理人员在食品安全管理方面足够的权力

B. 投入足够的资金用于企业的食品安全工作（包括企业硬件设施、人员培训、管理设备等）

C. 以上都是

208. 反映食品一般性污染状况的指标是(　　)。

A. 大肠菌群　　B. 细菌总数　　C. 以上都是

209. 餐饮服务提供者的食品安全管理人员在内部检查中，最应关注的是：(　　)。

A. 环境卫生状况

B. 容易引起食物中毒或食品污染的高危因素

C. 硬件设施状况

210. 餐饮业食品安全管理的重点是(　　)。

A. 加工过程的监控　　B. 对已加工食品的检验　　C. 以上都是

211. 使用食品温度计的注意事项包括：(　　)。

A. 按照测量对象选择适合的温度计　　B. 定期进行校准

C. 以上都是

212.《餐饮业和集体用餐配送单位卫生规范》规定，留样食品应按品种分别盛放于清洗消毒后的密闭专用容器内，在冷藏(　　)小时以上的条件下存放。

A. 24　　B. 48　　C. 72

213.《餐饮业和集体用餐配送单位卫生规范》规定，每个品种留样量不少于(　　)。

A. 50 克　　B. 100 克　　C. 150 克

214.《餐饮业和集体用餐配送单位卫生规范》规定应进行留样的食品是配送集体用餐和重要接待活动用餐的(　　)。

A. 成品　　B. 原料、成品　　C. 原料、半成品、成品

215.《食品安全法》规定，食品进货检查记录至少保存(　　)。

A. 12 个月以上　　B. 18 个月以上　　C. 24 个月以上

216. 餐饮服务提供者在发生食品中毒或疑似食物中毒事故后，采取下列哪种措施是正确的？(　　)

A. 做好厨房的卫生清洁工作，等政府监管部门前来检查

B. 保留造成事故或可能导致事故的食品、原料、工具、现场等

C. 照常营业

217. 关于企业食品安全管理工作的参与部门，以下哪项最正确？(　　)

A. 食品安全管理部门

B. 企业领导或分管领导，食品安全管理部门

C. 企业领导或分管领导，食品安全管理部门，厨房加工、餐饮服务、仓库保管、采购、保洁、维修等各有关部门

二、多选题

1. 常见的能够产生芽孢的致病菌包括：（　　）。

A. 肉毒梭菌　　B. 蜡样芽孢杆菌

C. 沙门菌　　D. 产气荚膜杆菌

2. 可引起食源性疾病的病毒的特点包括：（　　）。

A. 可以通过人的排泄物污染食品

B. 在适宜的条件下，食品中的病毒可以增殖

C. 可在食品与食品之间传播

D. 可在食品接触的表面与食品之间传播

3. 生的蔬菜中最易污染的致病菌包括：（　　）。

A. 副溶血性弧菌　　B. 沙门菌

C. 大肠杆菌　　D. 痢疾杆菌

4. 以下哪些是河豚鱼的特点？（　　）

A. 最短食用后数分钟即可发生中毒

B. 除严格按要求加工的干制品外，不得经营任何鲜或冰河豚鱼

C. “巴鱼”是河豚鱼的一种，也禁止经营

D. 内脏、卵巢、血液、鱼皮、鱼肉、鱼头等部位皆含剧毒

5. 以下哪些危害因素导致的食物中毒有较高的死亡率？（　　）

A. 肉毒梭菌　　B. 雪卡毒素　　C. 贝类毒素　　D. 野蘑菇

6. 以下哪些情形可能导致交叉污染？（　　）

A. 切配原料的厨师洗手后到食堂窗口给顾客打菜

B. 盛装食品的容器使用统一的不锈钢盆

C. 消毒后水果和熟制冷菜在一个专间内切配

D. 厨房内装有 2 个食品清洗、餐具消毒水池

7. 餐饮业超负荷供应可能会造成：（　　）。

A. 食品贮存温度控制不当　　B. 食品贮存时间控制不当

C. 交叉污染　　D. 餐具清洗消毒不彻底

8. 控制细菌繁殖的措施包括：（　　）。

A. 熟食快速冷却

B. 饭菜加工后 2 小时内食用

C. 具有潜在危害的食品冷冻冷藏保存

D. 冷冻原料在冷藏条件下解冻

9. 餐饮业预防细菌性食物中毒的基本原则包括：（　　）。

A. 防止食品受到细菌污染　　B. 控制细菌生长繁殖

C. 杀灭病原菌　　D. 保证原料质量

10. 索证中应注意：（　　）。

A. 许可证的经营范围应包含采购的食品

B. 检验合格证、生产许可证与产品的名称、厂家、生产日期或批号等应一致

C. 送货单、检疫合格证明上的品种、数量应与供应的食品相符

D. 检验合格证必须由权威的检测机构出具

11. 以下索取的有关证明中，（　　）是食品安全法规中规定必须索取的证明。

A. 绿色食品的认证证书

B. 畜禽肉类的检疫合格证明

C. 进口食品相关证书

D. 野生动物经营利用许可证

12. 验收通常包括：（　　）。

A. 感官鉴别和实验室检验

B. 检查食品标签

C. 检查运输车辆的温度条件和清洁状况

D. 具有潜在危害的食品检查温度条件

13. 食品贮存涉及到的预防食物中毒原则主要包括：（　　）。

A. 生熟分开　　B. 控制温度和时间

C. 保持清洁　　D. 杀灭微生物

14. 以下哪些方法可有助于做到食品原料的“先进先出”？（　　）

A. 食品原料隔墙离地

B. 对入库的每批原料在验收后进行登记

C. 接近保质期的原料，在外包装上贴上醒目标识，表示要优先使用

D. 制定管理制度，要求所有员工在提货时必须核对原料登记的标牌

15. 对冷库（冰箱）运转和温度状况的检查可从以下几方面进行：（　　）。

A. 压缩机工作状况是否良好

B. 是否存在较厚积霜

C. 冷库（冰箱）是否留有空气流通的空隙

D. 冷库（冰箱）内温度是否符合要求

16. 关于食品工具、容器的要求，提法正确的是：（　　）。

A. 生熟标志明显　　B. 定位进行存放

C. 用后洗净保洁　　D. 统一形状材质

17. 食品原料加工涉及的预防食物中毒原则主要包括：（　　）。

A. 去除食品中的有害物质

B. 避免交叉污染

C. 控制温度　　D. 控制时间

18. 安全的食品原料解冻方法包括：（　　）。

A. 冷藏解冻　　B. 流水解冻

C. 烹调解冻　　D. 室温解冻

19. 下列哪些是有效避免交叉污染的措施？（　　）

A. 分别设蔬菜和肉类的清洗水池

B. 动物性和植物性食品盛装在不同容器中

C. 粗加工场所不加工食品成品

D. 食品原料切配人员不进行分餐操作

20. 烹调的高温可从以下哪几方面来预防食物中毒？（　　）

A. 杀灭食品中的致病微生物

B. 避免交叉污染

C. 去除一些食品中的有害化学物质

D. 抑制食品中致病菌的生长繁殖

21. 以下哪些措施可有效避免食品未烧熟煮透？（　　）

A. 尽可能减小食品的体积

B. 定期检修烹调设备，保证正常运转

C. 避免越负荷加工

D. 使用温度计检查食品中心温度是否达到要求

22. 以下哪些措施可以避免盛器（或工具）引起的交叉污染？（　　）

A. 生熟食品盛器能够明显加以区分

B. 配备足够数量装生熟食品的盛器

C. 清洗生熟食品盛器的水池完全分开

D. 清洗后的生熟食品盛器分开放置

23. 区分生、熟食品盛器的有效方法包括：（　　）。

A. 采用不同的材质和形状　　B. 采用不同的存放位置

C. 在各类盛器标上不同的标记　　D. 直接标识生、熟的字样

24. 为避免交叉污染，冷菜改刀和凉拌操作应：（　　）。

A. 在专用场所进行　　B. 使用专用的刀、砧板、抹布

C. 固定加工人员，负责熟食从原料到改刀的全过程加工

D. 专间冰箱内不能存放食品原料、半成品

25. 冷菜易引起食物中毒的原因包括：（　　）。

A. 营养丰富

B. 水分含量高

C. 加工时与工具、容器和操作人员的手接触机会多

D. 食用前不再有加热杀灭细菌的机会

26. 关于直接用冰箱冷却热的食物，以下哪些说法是正确的？（　　）

A. 不可取，直接用冰箱冷却会使冰箱内的温度升高

B. 可取，冰箱冷却可在较短时间内使热的食物温度下降

C. 不可取，直接用冰箱冷却会造成水汽凝结滴落，增加交叉污染机会

D. 可取，但必须保证熟食品不能与食品原料、半成品在同一冰室内

27. 快速、安全冷却食品的方法包括：（　　）。

A. 减少待冷却食品的数量和尺寸

B. 采用冰浴使食品温度快速下降

C. 使用真空冷却机等设备快速降低食品温度

D. 采用不锈钢容器盛装食品

28. 以下哪些情形可能导致冷菜存放不当，引起食物中毒？（　　）

A. 超负荷加工供应宴席

B. 中午加工的冷菜存放在冷菜间内，供晚餐食用

C. 改刀后冷菜存放在专间熟食冰箱内，供次日食用

D. 改刀后冷菜存放在专间熟食冰箱内，次日回蒸后食用

29. 盛装盒饭、桶饭的盛器的表面应标明：（　　）。

A. 品名、厂名　　B. 生产日期及时间

C. 保质期限　　D. 保存条件和食用方法

30. 集体用餐的膳食（盒饭、桶饭）可以采用（　　）方式进行加工。

A. 冷藏　　B. 加热保温　　C. 保温　　D. 高温灭菌

31. 备餐涉及预防食物中毒的基本原则包括：（　　）。

A. 控制温度　　B. 控制时间

C. 保持清洁　　D. 严格清洗和消毒

32. 备餐中防止食品污染的措施有：(　　)。

A. 在备餐的食品上加盖

B. 使用已消毒的容器、工具进行备餐

C. 禁止将回收食品及原料再次加工后供应给顾客

D. 禁止用装过生食品的容器盛装备餐食品

33. 以下应进行消毒的有：(　　)。

A. 备餐时整理菜肴的筷子

B. 测量自助餐菜肴温度的温度计

C. 分餐人员的手部

D. 备餐用的工具和容器

34. 备餐人员应清洗消毒双手的情形有：(　　)。

A. 服务前　　B. 上厕所后

C. 接触生食品后　　D. 接触不洁物体表面后

35. 餐具清洗消毒水池与以下哪些水池应分开?

A. 食品原料清洗水池　　B. 清洁用具清洗水池

C. 接触非直接入口食品的工具、容器清洗水池

D. 备餐分菜工具清洗水池

36. 以下关于化学消毒的说法，正确的是：(　　)。

A. 保证有足够的消毒浓度和消毒时间

B. 餐具消毒前应洗净，避免油垢影响和消毒效果

C. 应使被消毒物品完全浸没于消毒液中

D. 配好的消毒液定时更换，一般每 6 个小时更换一次

37. 一个周详的清洁、消毒计划应包括清洁、消毒的(　　)。

A. 频率　　B. 所使用的物品

C. 方法　　D. 负责实施的人员

38. 以下应定期进行清洁，必要时进行消毒的包括：(　　)。

A. 餐具保洁柜　　B. 地面、排水沟、墙壁、天花板、门窗

C. 冰箱、冷库　　D. 垃圾桶

39. 按照《餐饮业和集体用餐配送单位卫生规范》规定，以下哪些岗位从业人员操作前必须进行手的消毒？（　　）

A. 裱花间（奶油蛋糕裱花制作）

B. 洗碗间（餐具清洗消毒）

C. 刺生间（生鱼片加工）

D. 点心间（中式点心制作）

40. 按照《餐饮业和集体用餐配送单位卫生规范》规定，接触直接入口食品的操作人员在（　　）应洗手。

A. 开始工作前

B. 上厕所后

C. 处理生食物后

D. 触摸耳朵、鼻子、头发、口腔或身体其他部位后

41.《餐饮业和集体用餐配送单位卫生规范》中推荐的洗手程序内容包括：（　　）。

A. 双手弄湿并涂上洗涤剂后，互相搓擦 20 秒

B. 用自来水彻底冲洗双手，工作服为短袖的应洗到肘部

C. 用清洁纸巾、卷轴式清洁抹手布或干手机弄干双手

D. 用手关闭手龙头

42. 关于专间操作人员手部清洗、消毒的要求，哪些是正确的？（　　）

A. 每次操作前应清洗、消毒双手

B. 每次出专间后应清洗、消毒双手

C. 不应直接用手拿取任何未经消毒的物品，如点菜单、托盘等

D. 操作中应适时地消毒双手

43. 以下哪些迹象表面可能有虫害出没？（　　）

A. 墙角的洞穴　　B. 虫卵

C. 被咬断的管道、电线　　D. 被咬破的食品包装

44. 预防虫害侵入的方法包括：（　　）。

A. 裂缝用水泥或金属片修补，防止虫害进入

B. 门与地面之间的空隙不超过 6 毫米，门的下边缘及门框安装金属板

C. 断绝虫害的食物来源，所有食物均以密封容器存放，并远离地面

D. 定期使用杀虫剂、杀鼠剂

45. 以下哪些可以成为虫害生存所需的食物？（　　）

A. 库房内的粮食　　B. 加工的饭菜

C. 食物残渣　　D. 以上都不是

46. 根据《餐饮业和集体用餐配送单位卫生规范》，以下各类餐饮业食品加工场所中，属于清洁操作区的包括：（　　）。

A. 冷菜间　　B. 烹调间　　C. 备餐区　　D. 洗碗间

47.《餐饮业和集体用餐配送单位卫生规范》中对于食品加工处理区域布局的要求包括：（　　）。

A. 按照原料进入、原料处理、半成品加工、成品供应的流程合理布局

B. 宜为生进熟出的单一流向，并应防止在存放、操作中产生交叉污染

C. 出菜与进原料的通道和出入口宜分开设置

D. 出菜与回收使用后餐用具的通道和出入口宜分开设置

48.《餐饮业和集体用餐配送单位卫生规范》中对于排水沟的要求包括：（　　）。

A. 所有食品加工处理区域均应设排水沟

B. 排水沟内不应设置其他管路

C. 排水沟的侧面和地面结合处宜有一定弧度

D. 排水沟应设可拆卸的盖板

49. 根据《餐饮业和集体用餐配送单位卫生规范》规定，餐饮业应设洗手设施的场所包括：(　　)。

A. 更衣场所　　B. 食品加工处理区域

C. 厕所出口　　D. 专间入口处

50. 根据《餐饮业和集体用餐配送单位卫生规范》规定，专间内应设专用的(　　)。

A. 冰箱　　B. 工用具　　C. 消毒水池　　D. 餐具

51. 根据《餐饮业和集体用餐配送单位卫生规范》规定，员工专用洗手消毒水池附近应有：(　　)。

A. 肥皂　　B. 消毒液　　C. 手干器　　D. 洗手消毒方式标示

52. 食品加工场所的地面、墙面、天花板等所使用的材质应符合要求包括：(　　)。

A. 无毒无异味，避免食品受到污染

B. 耐用，可以反复清洁

C. 不透水，利于用水清洗

D. 浅色，便于辨别污垢

53.《餐饮业和集体用餐配送单位卫生规范》中规定的食品安全管理人员职责包括：(　　)。

A. 组织从业人员进行食品安全法律法规和知识培训

B. 知道食品安全管理制度及岗位责任制度，并对执行情况进行督促检查

C. 记录食品生产经营过程的安全状况，对不符合安全要求的状况进行处理

D. 组织从业人员进行健康检查，督促患有有碍食品安全疾病和病症的人员调离相关岗位

54. 企业自身安全检查计划的内容通常应包括：(　　)。

A. 检查方案　　B. 检查时间

C. 检查项目　　D. 考核标准

55.《餐饮业和集体用餐配送单位卫生规范》规定应予记录的内容包括：（　　）。

A. 原料采购验收和加工操作过程关键项目情况

B. 安全检查情况和人员健康状况

C. 员工教育与培训情况

D. 食品留样、检验结果

56. 为避免事故的扩散和蔓延，政府监管部门在发生食物中毒或疑似食物中毒事故时可以采取临时控制措施包括：（　　）。

A. 封存造成食品中毒或者可能造成食物中毒的食品及其原料

B. 封存被污染的食品生产工具及其用具，并责令进行清洗消毒

C. 封存被污染的、与食物中毒事件相关的生产经营场所

D. 责令食品生产经营单位收回已售出的造成食物中毒的食品或者可能造成食物中毒的食品

57. 餐饮服务提供者接到投诉后，应采取的措施包括：（　　）。

A. 建立完善的投诉管理制度

B. 详细记录消费者的投诉

C. 追查投诉问题产生的原因

D. 采取措施防止类似问题的再次发生

三、判断题

1. 烹调时只要烧熟煮透，就可以杀灭所有细菌。（　　）

2. 在 pH4.6～7.0 的弱酸性或中性食品中细菌很容易生长繁殖。（　　）

3. 所有细菌都需要氧气才能生长繁殖。（　　）

4. 细菌产生的毒素都可以通过加热烹饪的方法将毒素分解破坏。（　　）

5. 加入酸性物质，使食品酸度增加，可以抑制细菌生长繁殖。（　　）

6. 细菌、病毒都可在食品中生长繁殖。（　　）

7. 冷冻或彻底加热均不能杀灭寄生虫。（　　）

8. 被霉菌毒素污染的食品用一般烹调方法加热处理不能将其破坏去除。（　　）

9. 青专鱼、金枪鱼、沙丁鱼、秋刀鱼等青皮红肉鱼鱼体中含有较多的组胺酸，如烹调不当可引起食物中毒。（　　）

10. 直接入口食品中病原菌的来源包括：加工时未彻底去除和受到各方面的污染。（　　）

11. 冷冻、冷藏可以杀灭大多数细菌。（　　）

12. 细菌芽孢对高温、紫外线、干燥、电离辐射和很多有毒的化学物质都有很强的抵抗力，不能生长繁殖，但通常会对人体产生危害。（　　）

13. 芽孢如经热触发后，在营养充分的条件下长时间处于危险温度带，可以重新萌发成繁殖体。（　　）

14. 蔬菜粗加工时以洗洁精溶液浸泡 30 分钟后再冲净，烹调前再经烫泡 1 分钟，可有效去除蔬菜表面的大部分农药。（　　）

15. 瘦肉精中毒一般发生在食用后的 30 分钟至 2 小时，主要表现为心跳加快、肌肉震颤、头晕、恶心、脸色潮红等症状。（　　）

16. 中心温度指块状食品中心部位的温度。（　　）

17. 消毒能够杀死所有的细菌。（　　）

18. 被致病菌污染的食品感官状况一定会发生变化。（　　）

19. 细菌性食物中毒一般在进餐后 3 小时内发病。（　　）

20. 冷冻原料应在室温下化冻。（　　）

21. 餐饮业食品加工制作过程中，最常控制的影响细菌繁殖的因素是温度和时间。（　　）

22. 餐饮业最常见的食物中毒是细菌性食物中毒。（　　）

23. 食品未烧熟煮透是餐饮业食物中毒发生的最主要原因。

（　　）

24. 化学性食物中毒季节性特点不明显，潜伏期短。（ ）

25. 避免食品污染的措施包括保持清洁、生熟分开、使用安全的水和食品原料。（ ）

26. 生熟食品容器应有明显标志，并要定点存放。（ ）

27. 低温能彻底杀灭微生物，所以冰箱可用来保鲜食品。（ ）

28. 冷冻食品原料宜彻底解冻后加热，避免产生外生内熟的现象。（ ）

29. 熟食冷却应采用快速冷却方法，使食品尽快通过危险温度带。（ ）

30. 交叉污染就是生食品对熟食品的污染。（ ）

31. 供应商选择的唯一条件就是其有无食品流通许可证。（ ）

32. 肉类食品在索证中应索取的就是检疫合格证明。（ ）

33. 进口食品应索取口岸食品监督检验机构出具的同批号产品检验合格证书。（ ）

34. 原料验收的内容包括感官、标签和运输车辆三方面。（ ）

35. 少量进货的原料，可以不必索取购物发票，只需留存对方的联系方式即可。（ ）

36. 验收散装食品的温度条件时，应将温度计放置在食品表层。（ ）

37. 食品采购记录期限不得少于 2 年。（ ）

38. 肉类、水产品和禽类所需的保存温度通常比蔬菜和水果低。（ ）

39. 所有食品（包括农产品）贮存前都应该清洗干净。（ ）

40. 贮存食品的场所存放有毒、有害物品，但不包括洗涤剂和消毒剂。（ ）

41. 保证所贮存食品新鲜的最简便和有效的方法是先进先出。（ ）

42. 销毁不符合要求的食品时，应破坏食品原有的形态，以免造

成误食。 (　　)

43. 检查冷库运转状况就是定期检查温度显示装置显示的温度是否达到要求。 (　　)

44. 冷冻可杀灭食品中的微生物，所以可较长时间贮存具有潜在危害的食品。 (　　)

45. 冷库（冰箱）内的温度至少应比食品中心温度低 5 ℃。 (　　)

46. 为确保安全，需要冷藏的熟制品应当在烧熟后立即放入冰箱。 (　　)

47. 食品冷冻的适宜温度是−10 ℃以下。 (　　)

48. 食品冷冻应小批量进行，以使食品快速冻结。 (　　)

49. 鲜肉、禽类最佳贮存温度是低于 10 ℃。 (　　)

50. 生食的鱼类在加工前不应冷冻，以确保质量新鲜。 (　　)

51. 采购的禽蛋应当清洗后再贮存，以防止污染。 (　　)

52. 不符合要求的食品应存放在有醒目标志的专门场所。(　　)

53. 常温贮存适用于不具有潜在危害的食品品种。 (　　)

54. 所有生食品都应在粗加工场地去除污物和不可食部分。 (　　)

55. 叶菜清洗时不能将每片菜叶都摘下，这样会造成营养成分的流失。 (　　)

56. 冷冻原料在室温下解冻应尽量缩短时间。 (　　)

57. 原料加工时，应每次从冷库中取出短时间加工的原料。 (　　)

58. 体积较大的食品用微波解冻，效果最好。 (　　)

59. 采用流动水解冻的，水温较高，解冻时间就越短，越能保证食品安全。 (　　)

60. 加盖的盛装食品的容器可以直接置于地上。 (　　)

61. 《餐饮业和集体用餐配送单位卫生规范》规定，食品添加剂

应由专人使用，在专用场所存放。（　）

62. 食品添加剂使用中的要求主要是使用量不超过《食品添加剂使用卫生标准》规定限量。（　）

63. 在符合《食品添加剂使用卫生标准》的前提下，食品中可以加入着色剂，如蛋黄面中加入黄色素。（　）

64. 在温度低于 60 ℃、高于 10 ℃条件下放置 2 小时以上的熟食品，需再次利用的应充分加热。（　）

65. 尝味时，应将少量菜肴盛入碗中品尝，不应直接品尝菜勺内的食品。（　）

66. 冷冻熟食品应彻底解冻后食用。（　）

67. 食品再加热不要超过 2 次，仍未食用完的应丢弃。（　）

68. 熟食品再加热时的温度可以比烹调温度略低 5～10 ℃。（　）

69. 红外线温度计适用于测量各种物体表面的温度。（　）

70. 水银或酒精玻璃温度计应作为食品用温度计首选。（　）

71. 温度计准确性的检查可使用冰点方法或沸点方法。（　）

72. 温度计插入食品后应立即读取温度。（　）

73. 烹调后的熟食品一般应用消毒后的工具进行分装或整理，如必须用手直接进行操作，必须先进行清洗、消毒，并且最好戴上清洁的一次性塑料或橡胶手套。（　）

74. 粗加工、烹调到改刀的过程固定专人操作是最为安全的冷菜加工制作方式。（　）

75. 加工冷菜使用的蔬菜、水果，食用前一定要在专间内清洗消毒。（　）

76. 制作裱花蛋糕的裱浆和水果，尽量当天用完；如有剩余的，应存放在专用冰箱内。（　）

77. 用于菜肴装饰的围边等，如需反复使用，用后应洗净，用前应消毒。（　）

78. 职业学校、普通中等学校、小学、特殊教育学校、幼儿园的食堂不得制售冷荤凉菜。（　　）

79. 冷藏盒饭食用前应重新加热到 65 ℃以上。（　　）

80. 加热保温方式制作的盒饭、桶饭加工后至食用前应始终保持在 65 ℃以上。（　　）

81. 盒饭、桶饭中禁止供应生拌菜和生食水产品，可以供应改刀熟食。（　　）

82. 备餐时，为保证供应食物的新鲜，应随时向备餐容器中添加食物。（　　）

83. 采用冷藏备餐的食品中心温度应在 10 ℃以下。（　　）

84. 餐饮食品存放超过 2 小时的，不能采用常温备餐方式。（　　）

85. 备餐前，操作人员应清洗手部，但不用消毒。（　　）

86. 消毒后的餐饮具应使用干净的手巾或餐布擦干。（　　）

87. 清洗后的清洁工具应采用吊挂等方式自然晾干。（　　）

88. 蒸汽、煮沸比红外消毒柜消毒效果好。（　　）

89. 漂白粉精片是效果最好的消毒方式。（　　）

90.《餐饮业和集体用餐配送单位卫生规范》中推荐，配好的消毒液一般应每 6 小时更换一次。（　　）

91. 洗刷餐饮具必须有专用水池，不得与清洗蔬菜、肉类等其他水池混用。（　　）

92. 已消毒和未消毒的餐用具应分开存放，保洁柜内不得放其他物品。（　　）

93. 一次性餐饮具经清洗消毒后也不可重复使用。（　　）

94. 擦拭餐饮具直接入口食品接触面的抹布应经过消毒。（　　）

95. 有效的清洁能够去除污物，清除有害细菌和病毒。（　　）

96.《餐饮业和集体用餐配送单位卫生规范》规定，接触直接入口食品人员的工作服至少每 2 天更换一次。（　　）

97.《餐饮业和集体用餐配送单位卫生规范》规定，食品从业人员不得留长指甲，涂指甲油，佩戴饰物。 （ ）

98. 在专间内操作的从业人员如使用一次性手套，可以替代洗手消毒。 （ ）

99. 食品从业人员在触摸耳朵、鼻子、头发、口腔或身体其他部位后应洗手。 （ ）

100. 手套不能代替洗手，戴手套前和更换新的手套都应该洗手。 （ ）

101. 出现腹泻等症状的食品从业人员一旦确认是痢疾，就必须立即调离岗位。 （ ）

102. 一次性塑料或橡胶手套，经消毒后可以重复使用。 （ ）

103. 个人衣物及私人物品不得带入食品加工区域，应存放在更衣室。 （ ）

104. 非操作人员（如安全管理人员）进入食品加工区域，应按操作人员要求穿戴工作衣帽。 （ ）

105. 洗手时，工作服为短袖的应洗到肘部。 （ ）

106. 专间操作人员短时间出专间可不脱去专间工作服。 （ ）

107.《餐饮业和集体用餐配送单位卫生规范》规定，食品从业人员的工作服应每天更换。 （ ）

108. 按照《餐饮业和集体用餐配送单位卫生规范》规定，除饮用水杯外，从业人员的其他任何个人物品均不得带入食品加工操作区域。 （ ）

109. 餐饮业和集体用餐配送单位卫生规范》规定，食品从业人员的工作服必须用白色布料制作。 （ ）

110. 从业人员洗手消毒过程中，手部的消毒较清洗更为重要。 （ ）

111. 不同区域员工的工作服可按其工作的场所从颜色或式样上进行区分。 （ ）

112.《餐饮业和集体用餐配送单位卫生规范》中推荐的手消毒方法是：清洗后的双方在消毒剂水溶液中浸泡或 20～30 秒，或涂擦消毒剂后充分揉搓 20～30 秒。（　）

113. 冷菜间、裱花间、备餐专间、盒饭分装专间等，是餐饮业中清洁程度要求最高的场所，因此在个人卫生方面也应做到最严格。（　）

114. 餐饮业除虫灭害的首选方法，是采用符合要求的气雾杀虫剂。（　）

115. 为控制虫害，在加工食物期间可以使用杀虫剂。（　）

116.《餐饮业和集体用餐配送单位卫生规范》规定，杀虫剂、杀鼠剂存放应有固定的场所（或橱柜）并上锁，包装上有明显的警示标志，并有专人保管。（　）

117.《餐饮业和集体用餐配送单位卫生规范》规定，杀虫剂、杀鼠剂的采购及使用应有详细记录，包括使用人、使用目的、使用区域、使用量、使用及购买时间、配制浓度等。使用后应进行复核，并按规定进行存放、保管。（　）

118. 食品加工场所保持清洁，地面无食物残渣是预防虫害侵入的措施之一。（　）

119.《餐饮业和集体用餐配送单位卫生规范》规定，与外界相通的门应为自闭式，并经常关闭。（　）

120. 不定期移动长久存放的设备和货物，能防止老鼠和蟑螂藏匿。（　）

121. 驱虫剂不但能阻止昆虫进入某一区域，还能杀灭昆虫。（　）

122. 捕鼠器或毒饵放置后不应经常移动，应观察数日，如无老鼠前来才变动位置。（　）

123. 使用杀虫药物后，该场所内的任何设备、食具及会接触食物的表面，均必须彻底清洁。（　）

124. 餐饮业加工经营场所内不得圈养、宰杀活的禽畜类动物。（　）

125. 为防止积垢和便于清洗，餐饮单位食品加工厂处理区域的墙壁与地面间、墙壁与天花板间的结合处宜有一定的弧度。（　）

126.《餐饮业和集体用餐配送单位卫生规范》规定，所有食品和非食品库房应分开设置。（　）

127. 各类专间的墙裙应铺设到墙顶。（　）

128.《餐饮业和集体用餐配送单位卫生规范》规定，统一库房内贮存不同性质食品和物品的应区分存放区域，不同区域应有明显的标识。（　）

129.《餐饮业和集体用餐配送单位卫生规范》规定，加工经营场所面积500平方米以上餐馆和食堂的专间入口处应设置有洗手、消毒、更衣设施的通过式预进间。（　）

130.《餐饮业和集体用餐配送单位卫生规范》规定，洗手消毒设施附近必须设置相应的清洗、消毒用品，必要时设置干手设施。（　）

131.《餐饮业和集体用餐配送单位卫生规范》规定，食堂和快餐店必须设备餐专间。（　）

132.《餐饮业和集体用餐配送单位卫生规范》规定，食品处理区内应设专用于拖把等清洁工具的清洗水池，其位置应不会污染食品及其加工操作过程。（　）

133. 根据《餐饮业和集体用餐配送单位卫生规范》规定，餐饮业所有食品加工经营场所（包括食品处理区、非食品处理区和就餐场所）均应设置在室内。（　）

134. 餐饮单位设计排水沟时，排水的流向先后次序应是：粗加工、切配、烹调、冷菜间，最后排出。（　）

135. 冷菜间内不得设置明沟。（　）

136.《餐饮业和集体用餐配送单位卫生规范》规定，水蒸气较

多场所的天花板设计应有一定坡度，以减少灰尘积聚。（　　）

137.《餐饮业和集体用餐配送单位卫生规范》规定，餐饮单位的厕所排污管道可以和加工经营场所的排水管道共用，但应有可靠的防臭气水封。（　　）

138.《餐饮业和集体用餐配送单位卫生规范》规定，食品从业人员更衣场所与加工经营场所应处于同一建筑物内。（　　）

139.《餐饮业和集体用餐配送单位卫生规范》规定，凉菜间、裱花间等专间不得设置两个以上（含两个）的门。（　　）

140.《餐饮业和集体用餐配送单位卫生规范》规定，安装在食品暴露正上方的照明设施宜使用防护罩，以防止破裂时玻璃碎片污染食品。（　　）

141. 餐饮单位如使用木质门，应坚固、平整，且应尽量采用未经油漆的木门，以免油漆味影响食品。（　　）

142.《餐饮业和集体用餐配送单位卫生规范》规定，废弃物容器应配有盖子。以坚固及不透水的材料制造，内壁应光滑以便于清洗。（　　）

143.《餐饮业和集体用餐配送单位卫生规范》规定，食品容器、工具和设备与食品的接触面应平滑、无凹陷或裂缝，设备内部角落部位应避免有尖角，以避免食品碎屑、污垢等的聚积。（　　）

144.《餐饮业和集体用餐配送单位卫生规范》规定，供应课间点心的学校应当没有暂存场地，暂存场地必须保持清洁，具有良好的通风设施。（　　）

145. 食品安全管理制度的主要内容是操作环境清洁和食品留样检验。（　　）

146. 餐饮业留样的食品可以在加工操作过程中或加工结束后采集，如未能及时采集的，可以另行制作少量专供留样。（　　）

147.《餐饮业和集体用餐配送单位卫生规范》规定，食品安全管理人员应具备初中以上学历，有从事食品安全管理工作的经验，

参加过食安全管理人员培训并经考核合格身体健康并具有从业人员健康合格证明。（　）

148.《餐饮业和集体用餐配送单位卫生规范》规定，食品安全管理人员应督促相关人员要求进行记录，并每天检查记录的有关内容。（　）

149.《餐饮业和集体用餐配送单位卫生规范》规定，企业的食品安全管理机构必须是企业内的专门部门。（　）

150. 食品安全管理部门最好是受企业领导层直接管理。（　）

参考答案

一、单选题

1. C	2. C	3. C	4. B	5. B	6. B	7. A
8. A	9. A	10. A	11. B	12. B	13. C	14. C
15. C	16. B	17. B	18. A	19. A	20. C	21. A
22. A	23. B	24. C	25. A	26. A	27. B	28. C
29. B	30. C	31. C	32. B	33. C	34. B	35. A
36. C	37. C	38. A	39. B	40. B	41. B	42. C
43. C	44. A	45. A	46. A	47. C	48. D	49. B
50. C	51. C	52. A	53. A	54. C	55. B	56. A
57. A	58. A	59. C	60. C	61. A	62. C	63. C
64. B	65. C	66. C	67. B	68. B	69. B	70. A
71. B	72. A	73. C	74. A	75. B	76. A	77. B
78. B	79. A	80. C	81. A	82. B	83. A	84. C
85. B	86. C	87. C	88. C	89. C	90. A	91. B
92. B	93. C	94. B	95. B	96. A	97. A	98. B
99. C	100. C	101. C	102. C	103. A	104. B	105. A
106. A	107. C	108. B	109. B	110. C	111. A	112. C
113. C	114. B	115. C	116. A	117. C	118. B	119. C

120. A 121. A 122. D 123. B 124. A 125. A 126. C
127. C 128. C 129. A 130. A 131. A 132. C 133. C
134. B 135. B 136. B 137. A 138. C 139. B 140. B
141. C 142. B 143. B 144. C 145. B 146. C 147. B
148. C 149. C 150. B 151. B 152. B 153. C 154. A
155. B 156. C 157. C 158. A 159. C 160. C 161. B
162. A 163. B 164. A 165. C 166. C 167. B 168. B
169. A 170. C 171. C 172. C 173. B 174. A 175. C
176. A 177. A 178. C 179. A 180. C 181. A 182. C
183. B 184. C 185. B 186. C 187. A 188. B 189. C
190. B 191. C 192. C 193. B 194. A 195. C 196. A
197. C 198. C 199. C 200. A 201. C 202. B 203. C
204. B 205. C 206. A 207. B 208. C 209. B 210. C
211. C 212. B 213. A 214. C 215. A 216. C 217. C

二、多选题

1. ABD 2. ACD 3. CD 4. AC 5. ACD
6. ABD 7. ABCD 8. ACD 9. ABC 10. ABC
11. BC 12. BCD 13. ABC 14. BCD 15. ABCD
16. ABC 17. ABCD 18. ABC 19. ACD 20. AC
21. ABCD 22. ABCD 23. ACD 24. ABCD 25. ABCD
26. AC 27. ABCD 28. ABCD 29. ABD 30. ABCD
31. ABCD 32. ABCD 33. ABCD 34. ABCD 35. ABC

36. ABC　37. ABCD　38. ABCD　39. ABCD　40. ABCD
41. ABCD　42. ABCD　43. ABCD　44. ABC　45. ABC
46. AC　47. ABCD　48. BCD　49. ABCD　50. ABC
51. ABCD　52. ABCD　53. ABCD　54. ABCD　55. ABCD
56. ABCD　57. ABCD

三、判断题

1. ×　2. √　3. ×　4. ×　5. √　6. ×　7. ×
8. √　9. ×　10. √　11. ×　12. ×　13. √　14. √
15. √　16. ×　17. ×　18. ×　19. ×　20. ×　21. √
22. √　23. ×　24. √　25. √　26. √　27. ×　28. ×
29. √　30. ×　31. ×　32. ×　33. √　34. ×　35. ×
36. ×　37. √　38. √　39. ×　40. ×　41. √　42. √
43. ×　44. ×　45. ×　46. ×　47. ×　48. √　49. ×
50. ×　51. ×　52. √　53. √　54. ×　55. ×　56. ×
57. √　58. ×　59. ×　60. ×　61. ×　62. ×　63. ×
64. ×　65. √　66. ×　67. ×　68. ×　69. ×　70. ×
71. √　72. ×　73. √　74. ×　75. ×　76. ×　77. ×
78. √　79. ×　80. √　81. ×　82. ×　83. √　84. √
85. ×　86. ×　87. √　88. √　89. ×　90. ×　91. √
92. √　93. √　94. √　95. ×　96. ×　97. √　98. ×
99. ×　100. √　101. ×　102. ×　103. √　104. √　105. √
106. ×　107. ×　108. ×　109. ×　110. ×　111. √　112. √

113. √ 114. × 115. × 116. √ 117. √ 118. √ 119. √
120. √ 121. × 122. √ 123. √ 124. √ 125. √ 126. ×
127. √ 128. √ 129. √ 130. × 131. × 132. √ 133. ×
134. × 135. √ 136. × 137. × 138. √ 139. √ 140. √
141. × 142. √ 143. √ 144. √ 145. × 146. × 147. ×
148. × 149. × 150. √

附录一

中华人民共和国主席令

第　九　号

《中华人民共和国食品安全法》已由中华人民共和国第十一届全国人民代表大会常务委员会第七次会议于2009年2月28日通过，现予公布，自2009年6月1日起施行。

中华人民共和国主席　胡锦涛

2009年2月28日

中华人民共和国食品安全法

（2009年2月28日第十一届全国人民代表大会常务委员会第七次会议通过）

第一章　总　　则

第一条　为保证食品安全，保障公众身体健康和生命安全，制定本法。

第二条　在中华人民共和国境内从事下列活动，应当遵守本法：

（一）食品生产和加工（以下称食品生产），食品流通和餐饮服务（以下称食品经营）；

（二）食品添加剂的生产经营；

（三）用于食品的包装材料、容器、洗涤剂、消毒剂和用于食品生产经营的工具、设备（以下称食品相关产品）的生产经营；

（四）食品生产经营者使用食品添加剂、食品相关产品；

（五）对食品、食品添加剂和食品相关产品的安全管理。

供食用的源于农业的初级产品（以下称食用农产品）的质量安全管理，遵守《中华人民共和国农产品质量安全法》的规定。但是，制定有关食用农产品的质量安全标准、公布食用农产品安全有关信息，应当遵守本法的有关规定。

第三条 食品生产经营者应当依照法律、法规和食品安全标准从事生产经营活动，对社会和公众负责，保证食品安全，接受社会监督，承担社会责任。

第四条 国务院设立食品安全委员会，其工作职责由国务院规定。

国务院卫生行政部门承担食品安全综合协调职责，负责食品安全风险评估、食品安全标准制定、食品安全信息公布、食品检验机构的资质认定条件和检验规范的制定，组织查处食品安全重大事故。

国务院质量监督、工商行政管理和国家食品药品监督管理部门依照本法和国务院规定的职责，分别对食品生产、食品流通、餐饮服务活动实施监督管理。

第五条 县级以上地方人民政府统一负责、领导、组织、协调本行政区域的食品安全监督管理工作，建立健全食品安全全程监督管理的工作机制；统一领导、指挥食品安全突发事件应对工作；完善、落实食品安全监督管理责任制，对食品安全监督管理部门进行评议、考核。

县级以上地方人民政府依照本法和国务院的规定确定本级卫生行政、农业行政、质量监督、工商行政管理、食品药品监督管理部门的食品安全监督管理职责。有关部门在各自职责范围内负责本行政区域的食品安全监督管理工作。

上级人民政府所属部门在下级行政区域设置的机构应当在所在地人民政府的统一组织、协调下，依法做好食品安全监督管理工作。

第六条 县级以上卫生行政、农业行政、质量监督、工商行政

管理、食品药品监督管理部门应当加强沟通、密切配合，按照各自职责分工，依法行使职权，承担责任。

第七条　食品行业协会应当加强行业自律，引导食品生产经营者依法生产经营，推动行业诚信建设，宣传、普及食品安全知识。

第八条　国家鼓励社会团体、基层群众性自治组织开展食品安全法律、法规以及食品安全标准和知识的普及工作，倡导健康的饮食方式，增强消费者食品安全意识和自我保护能力。

新闻媒体应当开展食品安全法律、法规以及食品安全标准和知识的公益宣传，并对违反本法的行为进行舆论监督。

第九条　国家鼓励和支持开展与食品安全有关的基础研究和应用研究，鼓励和支持食品生产经营者为提高食品安全水平采用先进技术和先进管理规范。

第十条　任何组织或者个人有权举报食品生产经营中违反本法的行为，有权向有关部门了解食品安全信息，对食品安全监督管理工作提出意见和建议。

第二章　食品安全风险监测和评估

第十一条　国家建立食品安全风险监测制度，对食源性疾病、食品污染以及食品中的有害因素进行监测。

国务院卫生行政部门会同国务院有关部门制定、实施国家食品安全风险监测计划。省、自治区、直辖市人民政府卫生行政部门根据国家食品安全风险监测计划，结合本行政区域的具体情况，组织制定、实施本行政区域的食品安全风险监测方案。

第十二条　国务院农业行政、质量监督、工商行政管理和国家食品药品监督管理等有关部门获知有关食品安全风险信息后，应当立即向国务院卫生行政部门通报。国务院卫生行政部门会同有关部门对信息核实后，应当及时调整食品安全风险监测计划。

第十三条　国家建立食品安全风险评估制度，对食品、食品添加剂中生物性、化学性和物理性危害进行风险评估。

国务院卫生行政部门负责组织食品安全风险评估工作，成立由医学、农业、食品、营养等方面的专家组成的食品安全风险评估专家委员会进行食品安全风险评估。

对农药、肥料、生长调节剂、兽药、饲料和饲料添加剂等的安全性评估，应当有食品安全风险评估专家委员会的专家参加。

食品安全风险评估应当运用科学方法，根据食品安全风险监测信息、科学数据以及其他有关信息进行。

第十四条　国务院卫生行政部门通过食品安全风险监测或者接到举报发现食品可能存在安全隐患的，应当立即组织进行检验和食品安全风险评估。

第十五条　国务院农业行政、质量监督、工商行政管理和国家食品药品监督管理等有关部门应当向国务院卫生行政部门提出食品安全风险评估的建议，并提供有关信息和资料。

国务院卫生行政部门应当及时向国务院有关部门通报食品安全风险评估的结果。

第十六条　食品安全风险评估结果是制定、修订食品安全标准和对食品安全实施监督管理的科学依据。

食品安全风险评估结果得出食品不安全结论的，国务院质量监督、工商行政管理和国家食品药品监督管理部门应当依据各自职责立即采取相应措施，确保该食品停止生产经营，并告知消费者停止食用；需要制定、修订相关食品安全国家标准的，国务院卫生行政部门应当立即制定、修订。

第十七条　国务院卫生行政部门应当会同国务院有关部门，根据食品安全风险评估结果、食品安全监督管理信息，对食品安全状况进行综合分析。对经综合分析表明可能具有较高程度安全风险的食品，国务院卫生行政部门应当及时提出食品安全风险警示，并予以公布。

第三章　食品安全标准

第十八条　制定食品安全标准，应当以保障公众身体健康为宗旨，做到科学合理、安全可靠。

第十九条　食品安全标准是强制执行的标准。除食品安全标准外，不得制定其他的食品强制性标准。

第二十条　食品安全标准应当包括下列内容：

（一）食品、食品相关产品中的致病性微生物、农药残留、兽药残留、重金属、污染物质以及其他危害人体健康物质的限量规定；

（二）食品添加剂的品种、使用范围、用量；

（三）专供婴幼儿和其他特定人群的主辅食品的营养成分要求；

（四）对与食品安全、营养有关的标签、标识、说明书的要求；

（五）食品生产经营过程的卫生要求；

（六）与食品安全有关的质量要求；

（七）食品检验方法与规程；

（八）其他需要制定为食品安全标准的内容。

第二十一条　食品安全国家标准由国务院卫生行政部门负责制定、公布，国务院标准化行政部门提供国家标准编号。

食品中农药残留、兽药残留的限量规定及其检验方法与规程由国务院卫生行政部门、国务院农业行政部门制定。

屠宰畜、禽的检验规程由国务院有关主管部门会同国务院卫生行政部门制定。

有关产品国家标准涉及食品安全国家标准规定内容的，应当与食品安全国家标准相一致。

第二十二条　国务院卫生行政部门应当对现行的食用农产品质量安全标准、食品卫生标准、食品质量标准和有关食品的行业标准中强制执行的标准予以整合，统一公布为食品安全国家标准。

本法规定的食品安全国家标准公布前，食品生产经营者应当按照现行食用农产品质量安全标准、食品卫生标准、食品质量标准和有关食品的行业标准生产经营食品。

第二十三条 食品安全国家标准应当经食品安全国家标准审评委员会审查通过。食品安全国家标准审评委员会由医学、农业、食品、营养等方面的专家以及国务院有关部门的代表组成。

制定食品安全国家标准，应当依据食品安全风险评估结果并充分考虑食用农产品质量安全风险评估结果，参照相关的国际标准和国际食品安全风险评估结果，并广泛听取食品生产经营者和消费者的意见。

第二十四条 没有食品安全国家标准的，可以制定食品安全地方标准。

省、自治区、直辖市人民政府卫生行政部门组织制定食品安全地方标准，应当参照执行本法有关食品安全国家标准制定的规定，并报国务院卫生行政部门备案。

第二十五条 企业生产的食品没有食品安全国家标准或者地方标准的，应当制定企业标准，作为组织生产的依据。国家鼓励食品生产企业制定严于食品安全国家标准或者地方标准的企业标准。企业标准应当报省级卫生行政部门备案，在本企业内部适用。

第二十六条 食品安全标准应当供公众免费查阅。

第四章 食品生产经营

第二十七条 食品生产经营应当符合食品安全标准，并符合下列要求：

（一）具有与生产经营的食品品种、数量相适应的食品原料处理和食品加工、包装、贮存等场所，保持该场所环境整洁，并与有毒、有害场所以及其他污染源保持规定的距离；

（二）具有与生产经营的食品品种、数量相适应的生产经营设备或者设施，有相应的消毒、更衣、盥洗、采光、照明、通风、防腐、

防尘、防蝇、防鼠、防虫、洗涤以及处理废水、存放垃圾和废弃物的设备或者设施；

（三）有食品安全专业技术人员、管理人员和保证食品安全的规章制度；

（四）具有合理的设备布局和工艺流程，防止待加工食品与直接入口食品、原料与成品交叉污染，避免食品接触有毒物、不洁物；

（五）餐具、饮具和盛放直接入口食品的容器，使用前应当洗净、消毒，炊具、用具用后应当洗净，保持清洁；

（六）贮存、运输和装卸食品的容器、工具和设备应当安全、无害，保持清洁，防止食品污染，并符合保证食品安全所需的温度等特殊要求，不得将食品与有毒、有害物品一同运输；

（七）直接入口的食品应当有小包装或者使用无毒、清洁的包装材料、餐具；

（八）食品生产经营人员应当保持个人卫生，生产经营食品时，应当将手洗净，穿戴清洁的工作衣、帽；销售无包装的直接入口食品时，应当使用无毒、清洁的售货工具；

（九）用水应当符合国家规定的生活饮用水卫生标准；

（十）使用的洗涤剂、消毒剂应当对人体安全、无害；

（十一）法律、法规规定的其他要求。

第二十八条　禁止生产经营下列食品：

（一）用非食品原料生产的食品或者添加食品添加剂以外的化学物质和其他可能危害人体健康物质的食品，或者用回收食品作为原料生产的食品；

（二）致病性微生物、农药残留、兽药残留、重金属、污染物质以及其他危害人体健康的物质含量超过食品安全标准限量的食品；

（三）营养成分不符合食品安全标准的专供婴幼儿和其他特定人群的主辅食品；

（四）腐败变质、油脂酸败、霉变生虫、污秽不洁、混有异物、掺假掺杂或者感官性状异常的食品；

（五）病死、毒死或者死因不明的禽、畜、兽、水产动物肉类及其制品；

（六）未经动物卫生监督机构检疫或者检疫不合格的肉类，或者未经检验或者检验不合格的肉类制品；

（七）被包装材料、容器、运输工具等污染的食品；

（八）超过保质期的食品；

（九）无标签的预包装食品；

（十）国家为防病等特殊需要明令禁止生产经营的食品；

（十一）其他不符合食品安全标准或者要求的食品。

第二十九条 国家对食品生产经营实行许可制度。从事食品生产、食品流通、餐饮服务，应当依法取得食品生产许可、食品流通许可、餐饮服务许可。

取得食品生产许可的食品生产者在其生产场所销售其生产的食品，不需要取得食品流通的许可；取得餐饮服务许可的餐饮服务提供者在其餐饮服务场所出售其制作加工的食品，不需要取得食品生产和流通的许可；农民个人销售其自产的食用农产品，不需要取得食品流通的许可。

食品生产加工小作坊和食品摊贩从事食品生产经营活动，应当符合本法规定的与其生产经营规模、条件相适应的食品安全要求，保证所生产经营的食品卫生、无毒、无害，有关部门应当对其加强监督管理，具体管理办法由省、自治区、直辖市人民代表大会常务委员会依照本法制定。

第三十条 县级以上地方人民政府鼓励食品生产加工小作坊改进生产条件；鼓励食品摊贩进入集中交易市场、店铺等固定场所经营。

第三十一条 县级以上质量监督、工商行政管理、食品药品监督管理部门应当依照《中华人民共和国行政许可法》的规定，审核

申请人提交的本法第二十七条第一项至第四项规定要求的相关资料，必要时对申请人的生产经营场所进行现场核查；对符合规定条件的，决定准予许可；对不符合规定条件的，决定不予许可并书面说明理由。

第三十二条 食品生产经营企业应当建立健全本单位的食品安全管理制度，加强对职工食品安全知识的培训，配备专职或者兼职食品安全管理人员，做好对所生产经营食品的检验工作，依法从事食品生产经营活动。

第三十三条 国家鼓励食品生产经营企业符合良好生产规范要求，实施危害分析与关键控制点体系，提高食品安全管理水平。

对通过良好生产规范、危害分析与关键控制点体系认证的食品生产经营企业，认证机构应当依法实施跟踪调查；对不再符合认证要求的企业，应当依法撤销认证，及时向有关质量监督、工商行政管理、食品药品监督管理部门通报，并向社会公布。认证机构实施跟踪调查不收取任何费用。

第三十四条 食品生产经营者应当建立并执行从业人员健康管理制度。患有痢疾、伤寒、病毒性肝炎等消化道传染病的人员，以及患有活动性肺结核、化脓性或者渗出性皮肤病等有碍食品安全的疾病的人员，不得从事接触直接入口食品的工作。

食品生产经营人员每年应当进行健康检查，取得健康证明后方可参加工作。

第三十五条 食用农产品生产者应当依照食品安全标准和国家有关规定使用农药、肥料、生长调节剂、兽药、饲料和饲料添加剂等农业投入品。食用农产品的生产企业和农民专业合作经济组织应当建立食用农产品生产记录制度。

县级以上农业行政部门应当加强对农业投入品使用的管理和指导，建立健全农业投入品的安全使用制度。

第三十六条 食品生产者采购食品原料、食品添加剂、食品相关产品，应当查验供货者的许可证和产品合格证明文件；对无法提供合格证明文件的食品原料，应当依照食品安全标准进行检验；不得采购或者使用不符合食品安全标准的食品原料、食品添加剂、食品相关产品。

食品生产企业应当建立食品原料、食品添加剂、食品相关产品进货查验记录制度，如实记录食品原料、食品添加剂、食品相关产品的名称、规格、数量、供货者名称及联系方式、进货日期等内容。

食品原料、食品添加剂、食品相关产品进货查验记录应当真实，保存期限不得少于二年。

第三十七条　食品生产企业应当建立食品出厂检验记录制度，查验出厂食品的检验合格证和安全状况，并如实记录食品的名称、规格、数量、生产日期、生产批号、检验合格证号、购货者名称及联系方式、销售日期等内容。

食品出厂检验记录应当真实，保存期限不得少于二年。

第三十八条　食品、食品添加剂和食品相关产品的生产者，应当依照食品安全标准对所生产的食品、食品添加剂和食品相关产品进行检验，检验合格后方可出厂或者销售。

第三十九条　食品经营者采购食品，应当查验供货者的许可证和食品合格的证明文件。

食品经营企业应当建立食品进货查验记录制度，如实记录食品的名称、规格、数量、生产批号、保质期、供货者名称及联系方式、进货日期等内容。

食品进货查验记录应当真实，保存期限不得少于二年。

实行统一配送经营方式的食品经营企业，可以由企业总部统一查验供货者的许可证和食品合格的证明文件，进行食品进货查验记录。

第四十条　食品经营者应当按照保证食品安全的要求贮存食品，定期检查库存食品，及时清理变质或者超过保质期的食品。

第四十一条　食品经营者贮存散装食品，应当在贮存位置标明食品的名称、生产日期、保质期、生产者名称及联系方式等内容。

食品经营者销售散装食品，应当在散装食品的容器、外包装上标明食品的名称、生产日期、保质期、生产经营者名称及联系方式等内容。

第四十二条　预包装食品的包装上应当有标签。标签应当标明下列事项：

（一）名称、规格、净含量、生产日期；

（二）成分或者配料表；

（三）生产者的名称、地址、联系方式；

（四）保质期；

（五）产品标准代号；

（六）贮存条件；

（七）所使用的食品添加剂在国家标准中的通用名称；

（八）生产许可证编号；

（九）法律、法规或者食品安全标准规定必须标明的其他事项。

专供婴幼儿和其他特定人群的主辅食品，其标签还应当标明主要营养成分及其含量。

第四十三条　国家对食品添加剂的生产实行许可制度。申请食品添加剂生产许可的条件、程序，按照国家有关工业产品生产许可证管理的规定执行。

第四十四条　申请利用新的食品原料从事食品生产或者从事食品添加剂新品种、食品相关产品新品种生产活动的单位或者个人，应当向国务院卫生行政部门提交相关产品的安全性评估材料。国务院卫生行政部门应当自收到申请之日起六十日内组织对相关产品的安全性评估材料进行审查；对符合食品安全要求的，依法决定准予许可并予以公布；对不符合食品安全要求的，决定不予许可并书面说明理由。

第四十五条 食品添加剂应当在技术上确有必要且经过风险评估证明安全可靠，方可列入允许使用的范围。国务院卫生行政部门应当根据技术必要性和食品安全风险评估结果，及时对食品添加剂的品种、使用范围、用量的标准进行修订。

第四十六条 食品生产者应当依照食品安全标准关于食品添加剂的品种、使用范围、用量的规定使用食品添加剂；不得在食品生产中使用食品添加剂以外的化学物质和其他可能危害人体健康的物质。

第四十七条 食品添加剂应当有标签、说明书和包装。标签、说明书应当载明本法第四十二条第一款第一项至第六项、第八项、第九项规定的事项，以及食品添加剂的使用范围、用量、使用方法，并在标签上载明“食品添加剂”字样。

第四十八条 食品和食品添加剂的标签、说明书，不得含有虚假、夸大的内容，不得涉及疾病预防、治疗功能。生产者对标签、说明书上所载明的内容负责。

食品和食品添加剂的标签、说明书应当清楚、明显，容易辨识。

食品和食品添加剂与其标签、说明书所载明的内容不符的，不得上市销售。

第四十九条 食品经营者应当按照食品标签标示的警示标志、警示说明或者注意事项的要求，销售预包装食品。

第五十条 生产经营的食品中不得添加药品，但是可以添加按照传统既是食品又是中药材的物质。按照传统既是食品又是中药材的物质的目录由国务院卫生行政部门制定、公布。

第五十一条 国家对声称具有特定保健功能的食品实行严格监管。有关监督管理部门应当依法履职，承担责任。具体管理办法由国务院规定。

声称具有特定保健功能的食品不得对人体产生急性、亚急性或者慢性危害，其标签、说明书不得涉及疾病预防、治疗功能，内容

必须真实，应当载明适宜人群、不适宜人群、功效成分或者标志性成分及其含量等；产品的功能和成分必须与标签、说明书相一致。

第五十二条 集中交易市场的开办者、柜台出租者和展销会举办者，应当审查入场食品经营者的许可证，明确入场食品经营者的食品安全管理责任，定期对入场食品经营者的经营环境和条件进行检查，发现食品经营者有违反本法规定的行为的，应当及时制止并立即报告所在地县级工商行政管理部门或者食品药品监督管理部门。

集中交易市场的开办者、柜台出租者和展销会举办者未履行前款规定义务，本市场发生食品安全事故的，应当承担连带责任。

第五十三条 国家建立食品召回制度。食品生产者发现其生产的食品不符合食品安全标准，应当立即停止生产，召回已经上市销售的食品，通知相关生产经营者和消费者，并记录召回和通知情况。

食品经营者发现其经营的食品不符合食品安全标准，应当立即停止经营，通知相关生产经营者和消费者，并记录停止经营和通知情况。食品生产者认为应当召回的，应当立即召回。

食品生产者应当对召回的食品采取补救、无害化处理、销毁等措施，并将食品召回和处理情况向县级以上质量监督部门报告。

食品生产经营者未依照本条规定召回或者停止经营不符合食品安全标准的食品的，县级以上质量监督、工商行政管理、食品药品监督管理部门可以责令其召回或者停止经营。

第五十四条 食品广告的内容应当真实合法，不得含有虚假、夸大的内容，不得涉及疾病预防、治疗功能。

食品安全监督管理部门或者承担食品检验职责的机构、食品行业协会、消费者协会不得以广告或者其他形式向消费者推荐食品。

第五十五条 社会团体或者其他组织、个人在虚假广告中向消费者推荐食品，使消费者的合法权益受到损害的，与食品生产经营者承担连带责任。

第五十六条 地方各级人民政府鼓励食品规模化生产和连锁经

营、配送。

第五章 食品检验

第五十七条 食品检验机构按照国家有关认证认可的规定取得资质认定后，方可从事食品检验活动。但是，法律另有规定的除外。

食品检验机构的资质认定条件和检验规范，由国务院卫生行政部门规定。

本法施行前经国务院有关主管部门批准设立或者经依法认定的食品检验机构，可以依照本法继续从事食品检验活动。

第五十八条 食品检验由食品检验机构指定的检验人独立进行。

检验人应当依照有关法律、法规的规定，并依照食品安全标准和检验规范对食品进行检验，尊重科学，恪守职业道德，保证出具的检验数据和结论客观、公正，不得出具虚假的检验报告。

第五十九条 食品检验实行食品检验机构与检验人负责制。食品检验报告应当加盖食品检验机构公章，并有检验人的签名或者盖章。食品检验机构和检验人对出具的食品检验报告负责。

第六十条 食品安全监督管理部门对食品不得实施免检。

县级以上质量监督、工商行政管理、食品药品监督管理部门应当对食品进行定期或者不定期的抽样检验。进行抽样检验，应当购买抽取的样品，不收取检验费和其他任何费用。

县级以上质量监督、工商行政管理、食品药品监督管理部门在执法工作中需要对食品进行检验的，应当委托符合本法规定的食品检验机构进行，并支付相关费用。对检验结论有异议的，可以依法进行复检。

第六十一条 食品生产经营企业可以自行对所生产的食品进行检验，也可以委托符合本法规定的食品检验机构进行检验。

食品行业协会等组织、消费者需要委托食品检验机构对食品进行检验的，应当委托符合本法规定的食品检验机构进行。

第六章　食品进出口

第六十二条　进口的食品、食品添加剂以及食品相关产品应当符合我国食品安全国家标准。

进口的食品应当经出入境检验检疫机构检验合格后，海关凭出入境检验检疫机构签发的通关证明放行。

第六十三条　进口尚无食品安全国家标准的食品，或者首次进口食品添加剂新品种、食品相关产品新品种，进口商应当向国务院卫生行政部门提出申请并提交相关的安全性评估材料。国务院卫生行政部门依照本法第四十四条的规定作出是否准予许可的决定，并及时制定相应的食品安全国家标准。

第六十四条　境外发生的食品安全事件可能对我国境内造成影响，或者在进口食品中发现严重食品安全问题的，国家出入境检验检疫部门应当及时采取风险预警或者控制措施，并向国务院卫生行政、农业行政、工商行政管理和国家食品药品监督管理部门通报。接到通报的部门应当及时采取相应措施。

第六十五条　向我国境内出口食品的出口商或者代理商应当向国家出入境检验检疫部门备案。向我国境内出口食品的境外食品生产企业应当经国家出入境检验检疫部门注册。

国家出入境检验检疫部门应当定期公布已经备案的出口商、代理商和已经注册的境外食品生产企业名单。

第六十六条　进口的预包装食品应当有中文标签、中文说明书。标签、说明书应当符合本法以及我国其他有关法律、行政法规的规定和食品安全国家标准的要求，载明食品的原产地以及境内代理商的名称、地址、联系方式。预包装食品没有中文标签、中文说明书或者标签、说明书不符合本条规定的，不得进口。

第六十七条　进口商应当建立食品进口和销售记录制度，如实记录食品的名称、规格、数量、生产日期、生产或者进口批号、保质期、出口商和购货者名称及联系方式、交货日期等内容。

食品进口和销售记录应当真实，保存期限不得少于二年。

第六十八条 出口的食品由出入境检验检疫机构进行监督、抽检，海关凭出入境检验检疫机构签发的通关证明放行。

出口食品生产企业和出口食品原料种植、养殖场应当向国家出入境检验检疫部门备案。

第六十九条 国家出入境检验检疫部门应当收集、汇总进出口食品安全信息，并及时通报相关部门、机构和企业。

国家出入境检验检疫部门应当建立进出口食品的进口商、出口商和出口食品生产企业的信誉记录，并予以公布。对有不良记录的进口商、出口商和出口食品生产企业，应当加强对其进出口食品的检验检疫。

第七章 食品安全事故处置

第七十条 国务院组织制定国家食品安全事故应急预案。

县级以上地方人民政府应当根据有关法律、法规的规定和上级人民政府的食品安全事故应急预案以及本地区的实际情况，制定本行政区域的食品安全事故应急预案，并报上一级人民政府备案。

食品生产经营企业应当制定食品安全事故处置方案，定期检查本企业各项食品安全防范措施的落实情况，及时消除食品安全事故隐患。

第七十一条 发生食品安全事故的单位应当立即予以处置，防止事故扩大。事故发生单位和接收病人进行治疗的单位应当及时向事故发生地县级卫生行政部门报告。

农业行政、质量监督、工商行政管理、食品药品监督管理部门在日常监督管理中发现食品安全事故，或者接到有关食品安全事故的举报，应当立即向卫生行政部门通报。

发生重大食品安全事故的，接到报告的县级卫生行政部门应当

按照规定向本级人民政府和上级人民政府卫生行政部门报告。县级人民政府和上级人民政府卫生行政部门应当按照规定上报。

任何单位或者个人不得对食品安全事故隐瞒、谎报、缓报，不得毁灭有关证据。

第七十二条 县级以上卫生行政部门接到食品安全事故的报告后，应当立即会同有关农业行政、质量监督、工商行政管理、食品药品监督管理部门进行调查处理，并采取下列措施，防止或者减轻社会危害：

（一）开展应急救援工作，对因食品安全事故导致人身伤害的人员，卫生行政部门应当立即组织救治；

（二）封存可能导致食品安全事故的食品及其原料，并立即进行检验；对确认属于被污染的食品及其原料，责令食品生产经营者依照本法第五十三条的规定予以召回、停止经营并销毁；

（三）封存被污染的食品用工具及用具，并责令进行清洗消毒；

（四）做好信息发布工作，依法对食品安全事故及其处理情况进行发布，并对可能产生的危害加以解释、说明。

发生重大食品安全事故的，县级以上人民政府应当立即成立食品安全事故处置指挥机构，启动应急预案，依照前款规定进行处置。

第七十三条 发生重大食品安全事故，设区的市级以上人民政府卫生行政部门应当立即会同有关部门进行事故责任调查，督促有关部门履行职责，向本级人民政府提出事故责任调查处理报告。

重大食品安全事故涉及两个以上省、自治区、直辖市的，由国务院卫生行政部门依照前款规定组织事故责任调查。

第七十四条 发生食品安全事故，县级以上疾病预防控制机构应当协助卫生行政部门和有关部门对事故现场进行卫生处理，并对与食品安全事故有关的因素开展流行病学调查。

第七十五条 调查食品安全事故，除了查明事故单位的责任，还应当查明负有监督管理和认证职责的监督管理部门、认证机构的工作人员失职、渎职情况。

第八章　监督管理

第七十六条　县级以上地方人民政府组织本级卫生行政、农业行政、质量监督、工商行政管理、食品药品监督管理部门制定本行政区域的食品安全年度监督管理计划，并按照年度计划组织开展工作。

第七十七条　县级以上质量监督、工商行政管理、食品药品监督管理部门履行各自食品安全监督管理职责，有权采取下列措施：

（一）进入生产经营场所实施现场检查；

（二）对生产经营的食品进行抽样检验；

（三）查阅、复制有关合同、票据、账簿以及其他有关资料；

（四）查封、扣押有证据证明不符合食品安全标准的食品，违法使用的食品原料、食品添加剂、食品相关产品，以及用于违法生产经营或者被污染的工具、设备；

（五）查封违法从事食品生产经营活动的场所。

县级以上农业行政部门应当依照《中华人民共和国农产品质量安全法》规定的职责，对食用农产品进行监督管理。

第七十八条　县级以上质量监督、工商行政管理、食品药品监督管理部门对食品生产经营者进行监督检查，应当记录监督检查的情况和处理结果。监督检查记录经监督检查人员和食品生产经营者签字后归档。

第七十九条　县级以上质量监督、工商行政管理、食品药品监督管理部门应当建立食品生产经营者食品安全信用档案，记录许可颁发、日常监督检查结果、违法行为查处等情况；根据食品安全信用档案的记录，对有不良信用记录的食品生产经营者增加监督检查频次。

第八十条　县级以上卫生行政、质量监督、工商行政管理、食

品药品监督管理部门接到咨询、投诉、举报，对属于本部门职责的，应当受理，并及时进行答复、核实、处理；对不属于本部门职责的，应当书面通知并移交有权处理的部门处理。有权处理的部门应当及时处理，不得推诿；属于食品安全事故的，依照本法第七章有关规定进行处置。

第八十一条　县级以上卫生行政、质量监督、工商行政管理、食品药品监督管理部门应当按照法定权限和程序履行食品安全监督管理职责；对生产经营者的同一违法行为，不得给予二次以上罚款的行政处罚；涉嫌犯罪的，应当依法向公安机关移送。

第八十二条　国家建立食品安全信息统一公布制度。下列信息由国务院卫生行政部门统一公布：

（一）国家食品安全总体情况；

（二）食品安全风险评估信息和食品安全风险警示信息；

（三）重大食品安全事故及其处理信息；

（四）其他重要的食品安全信息和国务院确定的需要统一公布的信息。

前款第二项、第三项规定的信息，其影响限于特定区域的，也可以由有关省、自治区、直辖市人民政府卫生行政部门公布。县级以上农业行政、质量监督、工商行政管理、食品药品监督管理部门依据各自职责公布食品安全日常监督管理信息。

食品安全监督管理部门公布信息，应当做到准确、及时、客观。

第八十三条　县级以上地方卫生行政、农业行政、质量监督、工商行政管理、食品药品监督管理部门获知本法第八十二条第一款规定的需要统一公布的信息，应当向上级主管部门报告，由上级主管部门立即报告国务院卫生行政部门；必要时，可以直接向国务院卫生行政部门报告。

县级以上卫生行政、农业行政、质量监督、工商行政管理、食品药品监督管理部门应当相互通报获知的食品安全信息。

第九章　法律责任

第八十四条　违反本法规定，未经许可从事食品生产经营活动，或者未经许可生产食品添加剂的，由有关主管部门按照各自职责分工，没收违法所得、违法生产经营的食品、食品添加剂和用于违法生产经营的工具、设备、原料等物品；违法生产经营的食品、食品添加剂货值金额不足一万元的，并处二千元以上五万元以下罚款；货值金额一万元以上的，并处货值金额五倍以上十倍以下罚款。

第八十五条　违反本法规定，有下列情形之一的，由有关主管部门按照各自职责分工，没收违法所得、违法生产经营的食品和用于违法生产经营的工具、设备、原料等物品；违法生产经营的食品货值金额不足一万元的，并处二千元以上五万元以下罚款；货值金额一万元以上的，并处货值金额五倍以上十倍以下罚款；情节严重的，吊销许可证：

（一）用非食品原料生产食品或者在食品中添加食品添加剂以外的化学物质和其他可能危害人体健康的物质，或者用回收食品作为原料生产食品；

（二）生产经营致病性微生物、农药残留、兽药残留、重金属、污染物质以及其他危害人体健康的物质含量超过食品安全标准限量的食品；

（三）生产经营营养成分不符合食品安全标准的专供婴幼儿和其他特定人群的主辅食品；

（四）经营腐败变质、油脂酸败、霉变生虫、污秽不洁、混有异物、掺假掺杂或者感官性状异常的食品；

（五）经营病死、毒死或者死因不明的禽、畜、兽、水产动物肉类，或者生产经营病死、毒死或者死因不明的禽、畜、兽、水产动物肉类的制品；

（六）经营未经动物卫生监督机构检疫或者检疫不合格的肉类，

或者生产经营未经检验或者检验不合格的肉类制品；

（七）经营超过保质期的食品；

（八）生产经营国家为防病等特殊需要明令禁止生产经营的食品；

（九）利用新的食品原料从事食品生产或者从事食品添加剂新品种、食品相关产品新品种生产，未经过安全性评估；

（十）食品生产经营者在有关主管部门责令其召回或者停止经营不符合食品安全标准的食品后，仍拒不召回或者停止经营的。

第八十六条　违反本法规定，有下列情形之一的，由有关主管部门按照各自职责分工，没收违法所得、违法生产经营的食品和用于违法生产经营的工具、设备、原料等物品；违法生产经营的食品货值金额不足一万元的，并处二千元以上五万元以下罚款；货值金额一万元以上的，并处货值金额二倍以上五倍以下罚款；情节严重的，责令停产停业，直至吊销许可证：

（一）经营被包装材料、容器、运输工具等污染的食品；

（二）生产经营无标签的预包装食品、食品添加剂或者标签、说明书不符合本法规定的食品、食品添加剂；

（三）食品生产者采购、使用不符合食品安全标准的食品原料、食品添加剂、食品相关产品；

（四）食品生产经营者在食品中添加药品。

第八十七条　违反本法规定，有下列情形之一的，由有关主管部门按照各自职责分工，责令改正，给予警告；拒不改正的，处二千元以上二万元以下罚款；情节严重的，责令停产停业，直至吊销许可证：

（一）未对采购的食品原料和生产的食品、食品添加剂、食品相关产品进行检验；

（二）未建立并遵守查验记录制度、出厂检验记录制度；

（三）制定食品安全企业标准未依照本法规定备案；

（四）未按规定要求贮存、销售食品或者清理库存食品；

（五）进货时未查验许可证和相关证明文件；

（六）生产的食品、食品添加剂的标签、说明书涉及疾病预防、治疗功能；

（七）安排患有本法第三十四条所列疾病的人员从事接触直接入口食品的工作。

第八十八条 违反本法规定，事故单位在发生食品安全事故后未进行处置、报告的，由有关主管部门按照各自职责分工，责令改正，给予警告；毁灭有关证据的，责令停产停业，并处二千元以上十万元以下罚款；造成严重后果的，由原发证部门吊销许可证。

第八十九条 违反本法规定，有下列情形之一的，依照本法第八十五条的规定给予处罚：

（一）进口不符合我国食品安全国家标准的食品；

（二）进口尚无食品安全国家标准的食品，或者首次进口食品添加剂新品种、食品相关产品新品种，未经过安全性评估；

（三）出口商未遵守本法的规定出口食品。

违反本法规定，进口商未建立并遵守食品进口和销售记录制度的，依照本法第八十七条的规定给予处罚。

第九十条 违反本法规定，集中交易市场的开办者、柜台出租者、展销会的举办者允许未取得许可的食品经营者进入市场销售食品，或者未履行检查、报告等义务的，由有关主管部门按照各自职责分工，处二千元以上五万元以下罚款；造成严重后果的，责令停业，由原发证部门吊销许可证。

第九十一条 违反本法规定，未按照要求进行食品运输的，由有关主管部门按照各自职责分工，责令改正，给予警告；拒不改正的，责令停产停业，并处二千元以上五万元以下罚款；情节严重的，由原发证部门吊销许可证。

第九十二条 被吊销食品生产、流通或者餐饮服务许可证的单

位，其直接负责的主管人员自处罚决定作出之日起五年内不得从事食品生产经营管理工作。

食品生产经营者聘用不得从事食品生产经营管理工作的人员从事管理工作的，由原发证部门吊销许可证。

第九十三条 违反本法规定，食品检验机构、食品检验人员出具虚假检验报告的，由授予其资质的主管部门或者机构撤销该检验机构的检验资格；依法对检验机构直接负责的主管人员和食品检验人员给予撤职或者开除的处分。

违反本法规定，受到刑事处罚或者开除处分的食品检验机构人员，自刑罚执行完毕或者处分决定作出之日起十年内不得从事食品检验工作。食品检验机构聘用不得从事食品检验工作的人员的，由授予其资质的主管部门或者机构撤销该检验机构的检验资格。

第九十四条 违反本法规定，在广告中对食品质量作虚假宣传，欺骗消费者的，依照《中华人民共和国广告法》的规定给予处罚。

违反本法规定，食品安全监督管理部门或者承担食品检验职责的机构、食品行业协会、消费者协会以广告或者其他形式向消费者推荐食品的，由有关主管部门没收违法所得，依法对直接负责的主管人员和其他直接责任人员给予记大过、降级或者撤职的处分。

第九十五条 违反本法规定，县级以上地方人民政府在食品安全监督管理中未履行职责，本行政区域出现重大食品安全事故、造成严重社会影响的，依法对直接负责的主管人员和其他直接责任人员给予记大过、降级、撤职或者开除的处分。

违反本法规定，县级以上卫生行政、农业行政、质量监督、工商行政管理、食品药品监督管理部门或者其他有关行政部门不履行本法规定的职责或者滥用职权、玩忽职守、徇私舞弊的，依法对直接负责的主管人员和其他直接责任人员给予记大过或者降级的处分；造成严重后果的，给予撤职或者开除的处分；其主要负责人应当引咎辞职。

第九十六条 违反本法规定，造成人身、财产或者其他损害的，依法承担赔偿责任。

生产不符合食品安全标准的食品或者销售明知是不符合食品安全标准的食品，消费者除要求赔偿损失外，还可以向生产者或者销售者要求支付价款十倍的赔偿金。

第九十七条 违反本法规定，应当承担民事赔偿责任和缴纳罚款、罚金，其财产不足以同时支付时，先承担民事赔偿责任。

第九十八条 违反本法规定，构成犯罪的，依法追究刑事责任。

第十章 附 则

第九十九条 本法下列用语的含义：

食品，指各种供人食用或者饮用的成品和原料以及按照传统既是食品又是药品的物品，但是不包括以治疗为目的的物品。

食品安全，指食品无毒、无害，符合应当有的营养要求，对人体健康不造成任何急性、亚急性或者慢性危害。

预包装食品，指预先定量包装或者制作在包装材料和容器中的食品。

食品添加剂，指为改善食品品质和色、香、味以及为防腐、保鲜和加工工艺的需要而加入食品中的人工合成或者天然物质。

用于食品的包装材料和容器，指包装、盛放食品或者食品添加剂用的纸、竹、木、金属、搪瓷、陶瓷、塑料、橡胶、天然纤维、化学纤维、玻璃等制品和直接接触食品或者食品添加剂的涂料。

用于食品生产经营的工具、设备，指在食品或者食品添加剂生产、流通、使用过程中直接接触食品或者食品添加剂的机械、管道、传送带、容器、用具、餐具等。

用于食品的洗涤剂、消毒剂，指直接用于洗涤或者消毒食品、餐饮具以及直接接触食品的工具、设备或者食品包装材料和容器的物质。

保质期，指预包装食品在标签指明的贮存条件下保持品质的期限。

食源性疾病，指食品中致病因素进入人体引起的感染性、中毒性等疾病。

食物中毒，指食用了被有毒有害物质污染的食品或者食用了含有毒有害物质的食品后出现的急性、亚急性疾病。

食品安全事故，指食物中毒、食源性疾病、食品污染等源于食品，对人体健康有危害或者可能有危害的事故。

第一百条　食品生产经营者在本法施行前已经取得相应许可证的，该许可证继续有效。

第一百零一条　乳品、转基因食品、生猪屠宰、酒类和食盐的食品安全管理，适用本法；法律、行政法规另有规定的，依照其规定。

第一百零二条　铁路运营中食品安全的管理办法由国务院卫生行政部门会同国务院有关部门依照本法制定。

军队专用食品和自供食品的食品安全管理办法由中央军事委员会依照本法制定。

第一百零三条　国务院根据实际需要，可以对食品安全监督管理体制作出调整。

第一百零四条　本法自 2009 年 6 月 1 日起施行。《中华人民共和国食品卫生法》同时废止。

附录二

中华人民共和国国务院令

第 557 号

《中华人民共和国食品安全法实施条例》已经 2009 年 7 月 8 日国务院第 73 次常务会议通过，现予公布，自公布之日起施行。

总　理　温家宝

二〇〇九年七月二十日

中华人民共和国食品安全法实施条例

第一章　总　　则

第一条　根据《中华人民共和国食品安全法》（以下简称食品安全法），制定本条例。

第二条　县级以上地方人民政府应当履行食品安全法规定的职责；加强食品安全监督管理能力建设，为食品安全监督管理工作提供保障；建立健全食品安全监督管理部门的协调配合机制，整合、完善食品安全信息网络，实现食品安全信息共享和食品检验等技术资源的共享。

第三条　食品生产经营者应当依照法律、法规和食品安全标准从事生产经营活动，建立健全食品安全管理制度，采取有效管理措施，保证食品安全。

食品生产经营者对其生产经营的食品安全负责，对社会和公众

负责，承担社会责任。

第四条　食品安全监督管理部门应当依照食品安全法和本条例的规定公布食品安全信息，为公众咨询、投诉、举报提供方便；任何组织和个人有权向有关部门了解食品安全信息。

第二章　食品安全风险监测和评估

第五条　食品安全法第十一条规定的国家食品安全风险监测计划，由国务院卫生行政部门会同国务院质量监督、工商行政管理和国家食品药品监督管理以及国务院商务、工业和信息化等部门，根据食品安全风险评估、食品安全标准制定与修订、食品安全监督管理等工作的需要制定。

第六条　省、自治区、直辖市人民政府卫生行政部门应当组织同级质量监督、工商行政管理、食品药品监督管理、商务、工业和信息化等部门，依照食品安全法第十一条的规定，制定本行政区域的食品安全风险监测方案，报国务院卫生行政部门备案。

国务院卫生行政部门应当将备案情况向国务院质量监督、工商行政管理和国家食品药品监督管理以及国务院商务、工业和信息化等部门通报。

第七条　国务院卫生行政部门会同有关部门除依照食品安全法第十二条的规定对国家食品安全风险监测计划作出调整外，必要时，还应当依据医疗机构报告的有关疾病信息调整国家食品安全风险监测计划。

国家食品安全风险监测计划作出调整后，省、自治区、直辖市人民政府卫生行政部门应当结合本行政区域的具体情况，对本行政区域的食品安全风险监测方案作出相应调整。

第八条　医疗机构发现其接收的病人属于食源性疾病病人、食物中毒病人，或者疑似食源性疾病病人、疑似食物中毒病人的，应当及时向所在地县级人民政府卫生行政部门报告有关疾病信息。

接到报告的卫生行政部门应当汇总、分析有关疾病信息，及时向本级人民政府报告，同时报告上级卫生行政部门；必要时，可以直接向国务院卫生行政部门报告，同时报告本级人民政府和上级卫生行政部门。

第九条 食品安全风险监测工作由省级以上人民政府卫生行政部门会同同级质量监督、工商行政管理、食品药品监督管理等部门确定的技术机构承担。

承担食品安全风险监测工作的技术机构应当根据食品安全风险监测计划和监测方案开展监测工作，保证监测数据真实、准确，并按照食品安全风险监测计划和监测方案的要求，将监测数据和分析结果报送省级以上人民政府卫生行政部门和下达监测任务的部门。

食品安全风险监测工作人员采集样品、收集相关数据，可以进入相关食用农产品种植养殖、食品生产、食品流通或者餐饮服务场所。采集样品，应当按照市场价格支付费用。

第十条 食品安全风险监测分析结果表明可能存在食品安全隐患的，省、自治区、直辖市人民政府卫生行政部门应当及时将相关信息通报本行政区域设区的市级和县级人民政府及其卫生行政部门。

第十一条 国务院卫生行政部门应当收集、汇总食品安全风险监测数据和分析结果，并向国务院质量监督、工商行政管理和国家食品药品监督管理以及国务院商务、工业和信息化等部门通报。

第十二条 有下列情形之一的，国务院卫生行政部门应当组织食品安全风险评估工作：

（一）为制定或者修订食品安全国家标准提供科学依据需要进行风险评估的；

（二）为确定监督管理的重点领域、重点品种需要进行风险评估的；

（三）发现新的可能危害食品安全的因素的；

（四）需要判断某一因素是否构成食品安全隐患的；

（五）国务院卫生行政部门认为需要进行风险评估的其他情形。

第十三条　国务院农业行政、质量监督、工商行政管理和国家食品药品监督管理等有关部门依照食品安全法第十五条规定向国务院卫生行政部门提出食品安全风险评估建议，应当提供下列信息和资料：

（一）风险的来源和性质；

（二）相关检验数据和结论；

（三）风险涉及范围；

（四）其他有关信息和资料。

县级以上地方农业行政、质量监督、工商行政管理、食品药品监督管理等有关部门应当协助收集前款规定的食品安全风险评估信息和资料。

第十四条　省级以上人民政府卫生行政、农业行政部门应当及时相互通报食品安全风险监测和食用农产品质量安全风险监测的相关信息。

国务院卫生行政、农业行政部门应当及时相互通报食品安全风险评估结果和食用农产品质量安全风险评估结果等相关信息。

第三章　食品安全标准

第十五条　国务院卫生行政部门会同国务院农业行政、质量监督、工商行政管理和国家食品药品监督管理以及国务院商务、工业和信息化等部门制定食品安全国家标准规划及其实施计划。制定食品安全国家标准规划及其实施计划，应当公开征求意见。

第十六条　国务院卫生行政部门应当选择具备相应技术能力的单位起草食品安全国家标准草案。提倡由研究机构、教育机构、学术团体、行业协会等单位，共同起草食品安全国家标准草案。

国务院卫生行政部门应当将食品安全国家标准草案向社会公布，公开征求意见。

第十七条 食品安全法第二十三条规定的食品安全国家标准审评委员会由国务院卫生行政部门负责组织。

食品安全国家标准审评委员会负责审查食品安全国家标准草案的科学性和实用性等内容。

第十八条 省、自治区、直辖市人民政府卫生行政部门应当将企业依照食品安全法第二十五条规定报送备案的企业标准，向同级农业行政、质量监督、工商行政管理、食品药品监督管理、商务、工业和信息化等部门通报。

第十九条 国务院卫生行政部门和省、自治区、直辖市人民政府卫生行政部门应当会同同级农业行政、质量监督、工商行政管理、食品药品监督管理、商务、工业和信息化等部门，对食品安全国家标准和食品安全地方标准的执行情况分别进行跟踪评价，并应当根据评价结果适时组织修订食品安全标准。

国务院和省、自治区、直辖市人民政府的农业行政、质量监督、工商行政管理、食品药品监督管理、商务、工业和信息化等部门应当收集、汇总食品安全标准在执行过程中存在的问题，并及时向同级卫生行政部门通报。

食品生产经营者、食品行业协会发现食品安全标准在执行过程中存在问题的，应当立即向食品安全监督管理部门报告。

第四章　食品生产经营

第二十条 设立食品生产企业，应当预先核准企业名称，依照食品安全法的规定取得食品生产许可后，办理工商登记。县级以上质量监督管理部门依照有关法律、行政法规规定审核相关资料、核查生产场所、检验相关产品；对相关资料、场所符合规定要求以及相关产品符合食品安全标准或者要求的，应当作出准予许可的决定。

其他食品生产经营者应当在依法取得相应的食品生产许可、食品流通许可、餐饮服务许可后，办理工商登记。法律、法规对食品

生产加工小作坊和食品摊贩另有规定的，依照其规定。

食品生产许可、食品流通许可和餐饮服务许可的有效期为3年。

第二十一条 食品生产经营者的生产经营条件发生变化，不符合食品生产经营要求的，食品生产经营者应当立即采取整改措施；有发生食品安全事故的潜在风险的，应当立即停止食品生产经营活动，并向所在地县级质量监督、工商行政管理或者食品药品监督管理部门报告；需要重新办理许可手续的，应当依法办理。

县级以上质量监督、工商行政管理、食品药品监督管理部门应当加强对食品生产经营者生产经营活动的日常监督检查；发现不符合食品生产经营要求情形的，应当责令立即纠正，并依法予以处理；不再符合生产经营许可条件的，应当依法撤销相关许可。

第二十二条 食品生产经营企业应当依照食品安全法第三十二条的规定组织职工参加食品安全知识培训，学习食品安全法律、法规、规章、标准和其他食品安全知识，并建立培训档案。

第二十三条 食品生产经营者应当依照食品安全法第三十四条的规定建立并执行从业人员健康检查制度和健康档案制度。从事接触直接入口食品工作的人员患有痢疾、伤寒、甲型病毒性肝炎、戊型病毒性肝炎等消化道传染病，以及患有活动性肺结核、化脓性或者渗出性皮肤病等有碍食品安全的疾病的，食品生产经营者应当将其调整到其他不影响食品安全的工作岗位。

食品生产经营人员依照食品安全法第三十四条第二款规定进行健康检查，其检查项目等事项应当符合所在地省、自治区、直辖市的规定。

第二十四条 食品生产经营企业应当依照食品安全法第三十六条第二款、第三十七条第一款、第三十九条第二款的规定建立进货查验记录制度、食品出厂检验记录制度，如实记录法律规定记录的事项，或者保留载有相关信息的进货或者销售票据。记录、票据的保存期限不得少于2年。

第二十五条 实行集中统一采购原料的集团性食品生产企业，可以由企业总部统一查验供货者的许可证和产品合格证明文件，进行进货查验记录；对无法提供合格证明文件的食品原料，应当依照食品安全标准进行检验。

第二十六条 食品生产企业应当建立并执行原料验收、生产过程安全管理、贮存管理、设备管理、不合格产品管理等食品安全管理制度，不断完善食品安全保障体系，保证食品安全。

第二十七条 食品生产企业应当就下列事项制定并实施控制要求，保证出厂的食品符合食品安全标准：

（一）原料采购、原料验收、投料等原料控制；

（二）生产工序、设备、贮存、包装等生产关键环节控制；

（三）原料检验、半成品检验、成品出厂检验等检验控制；

（四）运输、交付控制。

食品生产过程中有不符合控制要求情形的，食品生产企业应当立即查明原因并采取整改措施。

第二十八条 食品生产企业除依照食品安全法第三十六条、第三十七条规定进行进货查验记录和食品出厂检验记录外，还应当如实记录食品生产过程的安全管理情况。记录的保存期限不得少于2年。

第二十九条 从事食品批发业务的经营企业销售食品，应当如实记录批发食品的名称、规格、数量、生产批号、保质期、购货者名称及联系方式、销售日期等内容，或者保留载有相关信息的销售票据。记录、票据的保存期限不得少于2年。

第三十条 国家鼓励食品生产经营者采用先进技术手段，记录食品安全法和本条例要求记录的事项。

第三十一条 餐饮服务提供者应当制定并实施原料采购控制要求，确保所购原料符合食品安全标准。

餐饮服务提供者在制作加工过程中应当检查待加工的食品及原

料，发现有腐败变质或者其他感官性状异常的，不得加工或者使用。

第三十二条　餐饮服务提供企业应当定期维护食品加工、贮存、陈列等设施、设备；定期清洗、校验保温设施及冷藏、冷冻设施。

餐饮服务提供者应当按照要求对餐具、饮具进行清洗、消毒，不得使用未经清洗和消毒的餐具、饮具。

第三十三条　对依照食品安全法第五十三条规定被召回的食品，食品生产者应当进行无害化处理或者予以销毁，防止其再次流入市场。对因标签、标识或者说明书不符合食品安全标准而被召回的食品，食品生产者在采取补救措施且能保证食品安全的情况下可以继续销售；销售时应当向消费者明示补救措施。

县级以上质量监督、工商行政管理、食品药品监督管理部门应当将食品生产者召回不符合食品安全标准的食品的情况，以及食品经营者停止经营不符合食品安全标准的食品的情况，记入食品生产经营者食品安全信用档案。

第五章　食品检验

第三十四条　申请人依照食品安全法第六十条第三款规定向承担复检工作的食品检验机构（以下称复检机构）申请复检，应当说明理由。

复检机构名录由国务院认证认可监督管理、卫生行政、农业行政等部门共同公布。复检机构出具的复检结论为最终检验结论。

复检机构由复检申请人自行选择。复检机构与初检机构不得为同一机构。

第三十五条　食品生产经营者对依照食品安全法第六十条规定进行的抽样检验结论有异议申请复检，复检结论表明食品合格的，复检费用由抽样检验的部门承担；复检结论表明食品不合格的，复检费用由食品生产经营者承担。

第六章　食品进出口

第三十六条　进口食品的进口商应当持合同、发票、装箱单、提单等必要的凭证和相关批准文件，向海关报关地的出入境检验检疫机构报检。进口食品应当经出入境检验检疫机构检验合格。海关凭出入境检验检疫机构签发的通关证明放行。

第三十七条　进口尚无食品安全国家标准的食品，或者首次进口食品添加剂新品种、食品相关产品新品种，进口商应当向出入境检验检疫机构提交依照食品安全法第六十三条规定取得的许可证明文件，出入境检验检疫机构应当按照国务院卫生行政部门的要求进行检验。

第三十八条　国家出入境检验检疫部门在进口食品中发现食品安全国家标准未规定且可能危害人体健康的物质，应当按照食品安全法第十二条的规定向国务院卫生行政部门通报。

第三十九条　向我国境内出口食品的境外食品生产企业依照食品安全法第六十五条规定进行注册，其注册有效期为 4 年。已经注册的境外食品生产企业提供虚假材料，或者因境外食品生产企业的原因致使相关进口食品发生重大食品安全事故的，国家出入境检验检疫部门应当撤销注册，并予以公告。

第四十条　进口的食品添加剂应当有中文标签、中文说明书。标签、说明书应当符合食品安全法和我国其他有关法律、行政法规的规定以及食品安全国家标准的要求，载明食品添加剂的原产地和境内代理商的名称、地址、联系方式。食品添加剂没有中文标签、中文说明书或者标签、说明书不符合本条规定的，不得进口。

第四十一条　出入境检验检疫机构依照食品安全法第六十二条规定对进口食品实施检验，依照食品安全法第六十八条规定对出口食品实施监督、抽检，具体办法由国家出入境检验检疫部门制定。

第四十二条　国家出入境检验检疫部门应当建立信息收集网络，

依照食品安全法第六十九条的规定，收集、汇总、通报下列信息：

（一）出入境检验检疫机构对进出口食品实施检验检疫发现的食品安全信息；

（二）行业协会、消费者反映的进口食品安全信息；

（三）国际组织、境外政府机构发布的食品安全信息、风险预警信息，以及境外行业协会等组织、消费者反映的食品安全信息；

（四）其他食品安全信息。

接到通报的部门必要时应当采取相应处理措施。

食品安全监督管理部门应当及时将获知的涉及进出口食品安全的信息向国家出入境检验检疫部门通报。

第七章　食品安全事故处置

第四十三条　发生食品安全事故的单位对导致或者可能导致食品安全事故的食品及原料、工具、设备等，应当立即采取封存等控制措施，并自事故发生之时起 2 小时内向所在地县级人民政府卫生行政部门报告。

第四十四条　调查食品安全事故，应当坚持实事求是、尊重科学的原则，及时、准确查清事故性质和原因，认定事故责任，提出整改措施。

参与食品安全事故调查的部门应当在卫生行政部门的统一组织协调下分工协作、相互配合，提高事故调查处理的工作效率。

食品安全事故的调查处理办法由国务院卫生行政部门会同国务院有关部门制定。

第四十五条　参与食品安全事故调查的部门有权向有关单位和个人了解与事故有关的情况，并要求提供相关资料和样品。

有关单位和个人应当配合食品安全事故调查处理工作，按照要求提供相关资料和样品，不得拒绝。

第四十六条　任何单位或者个人不得阻挠、干涉食品安全事故的调查处理。

第八章　监督管理

第四十七条　县级以上地方人民政府依照食品安全法第七十六条规定制定的食品安全年度监督管理计划，应当包含食品抽样检验的内容。对专供婴幼儿、老年人、病人等特定人群的主辅食品，应当重点加强抽样检验。

县级以上农业行政、质量监督、工商行政管理、食品药品监督管理部门应当按照食品安全年度监督管理计划进行抽样检验。抽样检验购买样品所需费用和检验费等，由同级财政列支。

第四十八条　县级人民政府应当统一组织、协调本级卫生行政、农业行政、质量监督、工商行政管理、食品药品监督管理部门，依法对本行政区域内的食品生产经营者进行监督管理；对发生食品安全事故风险较高的食品生产经营者，应当重点加强监督管理。

在国务院卫生行政部门公布食品安全风险警示信息，或者接到所在地省、自治区、直辖市人民政府卫生行政部门依照本条例第十条规定通报的食品安全风险监测信息后，设区的市级和县级人民政府应当立即组织本级卫生行政、农业行政、质量监督、工商行政管理、食品药品监督管理部门采取有针对性的措施，防止发生食品安全事故。

第四十九条　国务院卫生行政部门应当根据疾病信息和监督管理信息等，对发现的添加或者可能添加到食品中的非食品用化学物质和其他可能危害人体健康的物质的名录及检测方法予以公布；国务院质量监督、工商行政管理和国家食品药品监督管理部门应当采取相应的监督管理措施。

第五十条　质量监督、工商行政管理、食品药品监督管理部门在食品安全监督管理工作中可以采用国务院质量监督、工商行政管理和国家食品药品监督管理部门认定的快速检测方法对食品进行初

步筛查；对初步筛查结果表明可能不符合食品安全标准的食品，应当依照食品安全法第六十条第三款的规定进行检验。初步筛查结果不得作为执法依据。

第五十一条　食品安全法第八十二条第二款规定的食品安全日常监督管理信息包括：

（一）依照食品安全法实施行政许可的情况；

（二）责令停止生产经营的食品、食品添加剂、食品相关产品的名录；

（三）查处食品生产经营违法行为的情况；

（四）专项检查整治工作情况；

（五）法律、行政法规规定的其他食品安全日常监督管理信息。

前款规定的信息涉及两个以上食品安全监督管理部门职责的，由相关部门联合公布。

第五十二条　食品安全监督管理部门依照食品安全法第八十二条规定公布信息，应当同时对有关食品可能产生的危害进行解释、说明。

第五十三条　卫生行政、农业行政、质量监督、工商行政管理、食品药品监督管理等部门应当公布本单位的电子邮件地址或者电话，接受咨询、投诉、举报；对接到的咨询、投诉、举报，应当依照食品安全法第八十条的规定进行答复、核实、处理，并对咨询、投诉、举报和答复、核实、处理的情况予以记录、保存。

第五十四条　国务院工业和信息化、商务等部门依据职责制定食品行业的发展规划和产业政策，采取措施推进产业结构优化，加强对食品行业诚信体系建设的指导，促进食品行业健康发展。

第九章　法律责任

第五十五条　食品生产经营者的生产经营条件发生变化，未依照本条例第二十一条规定处理的，由有关主管部门责令改正，给予警告；造成严重后果的，依照食品安全法第八十五条的规定给予处罚。

第五十六条 餐饮服务提供者未依照本条例第三十一条第一款规定制定、实施原料采购控制要求的，依照食品安全法第八十六条的规定给予处罚。

餐饮服务提供者未依照本条例第三十一条第二款规定检查待加工的食品及原料，或者发现有腐败变质或者其他感官性状异常仍加工、使用的，依照食品安全法第八十五条的规定给予处罚。

第五十七条 有下列情形之一的，依照食品安全法第八十七条的规定给予处罚：

（一）食品生产企业未依照本条例第二十六条规定建立、执行食品安全管理制度的；

（二）食品生产企业未依照本条例第二十七条规定制定、实施生产过程控制要求，或者食品生产过程中有不符合控制要求的情形未依照规定采取整改措施的；

（三）食品生产企业未依照本条例第二十八条规定记录食品生产过程的安全管理情况并保存相关记录的；

（四）从事食品批发业务的经营企业未依照本条例第二十九条规定记录、保存销售信息或者保留销售票据的；

（五）餐饮服务提供企业未依照本条例第三十二条第一款规定定期维护、清洗、校验设施、设备的；

（六）餐饮服务提供者未依照本条例第三十二条第二款规定对餐具、饮具进行清洗、消毒，或者使用未经清洗和消毒的餐具、饮具的。

第五十八条 进口不符合本条例第四十条规定的食品添加剂的，由出入境检验检疫机构没收违法进口的食品添加剂；违法进口的食品添加剂货值金额不足 1 万元的，并处 2000 元以上 5 万元以下罚款；货值金额 1 万元以上的，并处货值金额 2 倍以上 5 倍以下罚款。

第五十九条 医疗机构未依照本条例第八条规定报告有关疾病信息的，由卫生行政部门责令改正，给予警告。

第六十条　发生食品安全事故的单位未依照本条例第四十三条规定采取措施并报告的，依照食品安全法第八十八条的规定给予处罚。

第六十一条　县级以上地方人民政府不履行食品安全监督管理法定职责，本行政区域出现重大食品安全事故、造成严重社会影响的，依法对直接负责的主管人员和其他直接责任人员给予记大过、降级、撤职或者开除的处分。

县级以上卫生行政、农业行政、质量监督、工商行政管理、食品药品监督管理部门或者其他有关行政部门不履行食品安全监督管理法定职责、日常监督检查不到位或者滥用职权、玩忽职守、徇私舞弊的，依法对直接负责的主管人员和其他直接责任人员给予记大过或者降级的处分；造成严重后果的，给予撤职或者开除的处分；其主要负责人应当引咎辞职。

第十章　附　　则

第六十二条　本条例下列用语的含义：

食品安全风险评估，指对食品、食品添加剂中生物性、化学性和物理性危害对人体健康可能造成的不良影响所进行的科学评估，包括危害识别、危害特征描述、暴露评估、风险特征描述等。

餐饮服务，指通过即时制作加工、商业销售和服务性劳动等，向消费者提供食品和消费场所及设施的服务活动。

第六十三条　食用农产品质量安全风险监测和风险评估由县级以上人民政府农业行政部门依照《中华人民共和国农产品质量安全法》的规定进行。

国境口岸食品的监督管理由出入境检验检疫机构依照食品安全法和本条例以及有关法律、行政法规的规定实施。

食品药品监督管理部门对声称具有特定保健功能的食品实行严格监管，具体办法由国务院另行制定。

第六十四条　本条例自公布之日起施行。

附录三

关于印发餐饮服务食品安全操作规范的通知

国食药监食〔2011〕395号

各省、自治区、直辖市及新疆生产建设兵团食品药品监督管理局，北京市卫生局、福建省卫生厅：

为加强餐饮服务食品安全管理，规范餐饮服务经营行为，保障消费者饮食安全，根据《食品安全法》、《食品安全法实施条例》、《餐饮服务许可管理办法》、《餐饮服务食品安全监督管理办法》等法律、法规、规章的规定，国家食品药品监督管理局制定了《餐饮服务食品安全操作规范》，现印发给你们，请遵照执行。

对于在设置检验室、配备检验设备设施和检验人员等方面未达到本规范要求的集体用餐配送单位，应于2012年8月31日之前达到相关要求。

附件：1. 餐饮服务提供者场所布局要求

2. 推荐的餐用具清洗消毒方法

3. 推荐的餐饮服务场所、设施、设备及工具清洁方法

4. 餐饮服务预防食物中毒注意事项

5. 推荐的餐饮服务从业人员洗手消毒方法

6. 餐饮服务常用消毒剂及化学消毒注意事项

国家食品药品监督管理局

二〇一一年八月二十二日

餐饮服务食品安全操作规范

第一章　总　　则

第一条　为加强餐饮服务食品安全管理，规范餐饮服务经营行为，保障消费者饮食安全，根据《食品安全法》、《食品安全法实施条例》、《餐饮服务许可管理办法》、《餐饮服务食品安全监督管理办法》等法律、法规、规章的规定，制定本规范。

第二条　本规范适用于餐饮服务提供者，包括餐馆、小吃店、快餐店、饮品店、食堂、集体用餐配送单位和中央厨房等。

第三条　餐饮服务提供者的法定代表人、负责人或业主是本单位食品安全的第一责任人，对本单位的食品安全负法律责任。

第四条　鼓励餐饮服务提供者建立和实施先进的食品安全管理体系，不断提高餐饮服务食品安全管理水平。

第五条　鼓励餐饮服务提供者为消费者提供分餐等健康饮食的条件。

第六条　本规范下列用语的含义

（一）餐饮服务：指通过即时制作加工、商业销售和服务性劳动等，向消费者提供食品和消费场所及设施的服务活动。

（二）餐饮服务提供者：指从事餐饮服务的单位和个人。

（三）餐馆（含酒家、酒楼、酒店、饭庄等）：指以饭菜（包括中餐、西餐、日餐、韩餐等）为主要经营项目的提供者，包括火锅店、烧烤店等。

特大型餐馆：指加工经营场所使用面积在 3 000 m^2 以上（不含 3 000 m^2），或者就餐座位数在 1000 座以上（不含 1 000 座）的餐馆。

大型餐馆：指加工经营场所使用面积在 500～3 000 m^2（不含 500 m^2，含 3 000 m^2），或者就餐座位数在 250～1 000 座（不含 250

座，含1 000座）的餐馆。

中型餐馆：指加工经营场所使用面积在150～500 m^2（不含150 m^2，含500 m^2），或者就餐座位数在75～250座（不含75座，含250座）的餐馆。

小型餐馆：指加工经营场所使用面积在150 m^2以下（含150 m^2），或者就餐座位数在75座以下（含75座）的餐馆。

（四）快餐店：指以集中加工配送、当场分餐食用并快速提供就餐服务为主要加工供应形式的提供者。

（五）小吃店：指以点心、小吃为主要经营项目的提供者。

（六）饮品店：指以供应酒类、咖啡、茶水或者饮料为主的提供者。

甜品站：指餐饮服务提供者在其餐饮主店经营场所内或附近开设，具有固定经营场所，直接销售或经简单加工制作后销售由餐饮主店配送的以冰激凌、饮料、甜品为主的食品的附属店面。

（七）食堂：指设于机关、学校（含托幼机构）、企事业单位、建筑工地等地点（场所），供应内部职工、学生等就餐的提供者。

（八）集体用餐配送单位：指根据集体服务对象订购要求，集中加工、分送食品但不提供就餐场所的提供者。

（九）中央厨房：指由餐饮连锁企业建立的，具有独立场所及设施设备，集中完成食品成品或半成品加工制作，并直接配送给餐饮服务单位的提供者。

（十）食品：指各种供人食用或者饮用的成品和原料以及按照传统既是食品又是药品的物品，但不包括以治疗为目的的物品。

原料：指供加工制作食品所用的一切可食用或者饮用的物质和材料。

半成品：指食品原料经初步或部分加工后，尚需进一步加工制作的食品或原料。

成品：指经过加工制成的或待出售的可直接食用的食品。

（十一）凉菜（包括冷菜、冷荤、熟食、卤味等）：指对经过烹制成熟、腌渍入味或仅经清洗切配等处理后的食品进行简单制作并装盘，一般无需加热即可食用的菜肴。

（十二）生食海产品：指不经过加热处理即供食用的生长于海洋的鱼类、贝壳类、头足类等水产品。

（十三）裱花蛋糕：指以粮、糖、油、蛋为主要原料经焙烤加工而成的糕点胚，在其表面裱以奶油等制成的食品。

（十四）现榨饮料：指以新鲜水果、蔬菜及谷类、豆类等五谷杂粮为原料，通过压榨等方法现场制作的供消费者直接饮用的非定型包装果蔬汁、五谷杂粮等饮品，不包括采用浓浆、浓缩汁、果蔬粉调配而成的饮料。

（十五）加工经营场所：指与食品制作供应直接或间接相关的场所，包括食品处理区、非食品处理区和就餐场所。

1. 食品处理区：指食品的粗加工、切配、烹饪和备餐场所、专间、食品库房、餐用具清洗消毒和保洁场所等区域，分为清洁操作区、准清洁操作区、一般操作区。

（1）清洁操作区：指为防止食品被环境污染，清洁要求较高的操作场所，包括专间、备餐场所。

专间：指处理或短时间存放直接入口食品的专用操作间，包括凉菜间、裱花间、备餐间、分装间等。

备餐场所：指成品的整理、分装、分发、暂时放置的专用场所。

（2）准清洁操作区：指清洁要求次于清洁操作区的操作场所，包括烹饪场所、餐用具保洁场所。

烹饪场所：指对经过粗加工、切配的原料或半成品进行煎、炒、炸、焖、煮、烤、烘、蒸及其他热加工处理的操作场所。

餐用具保洁场所：指对经清洗消毒后的餐饮具和接触直接入口食品的工具、容器进行存放并保持清洁的场所。

（3）一般操作区：指其他处理食品和餐用具的场所，包括粗加工场所、切配场所、餐用具清洗消毒场所和食品库房等。

粗加工场所：指对食品原料进行挑拣、整理、解冻、清洗、剔除不可食用部分等加工处理的操作场所。

切配场所：指把经过粗加工的食品进行清洗、切割、称量、拼配等加工处理成为半成品的操作场所。

餐用具清洗消毒场所：指对餐饮具和接触直接入口食品的工具、容器进行清洗、消毒的操作场所。

2. 非食品处理区：指办公室、更衣场所、门厅、大堂休息厅、歌舞台、非食品库房、卫生间等非直接处理食品的区域。

3. 就餐场所：指供消费者就餐的场所，但不包括供就餐者专用的卫生间、门厅、大堂休息厅、歌舞台等辅助就餐的场所。

（十六）中心温度：指块状或有容器存放的液态食品或食品原料的中心部位的温度。

（十七）冷藏：指将食品或原料置于冰点以上较低温度条件下贮存的过程，冷藏温度的范围应在 0 ℃～10 ℃之间。

（十八）冷冻：指将食品或原料置于冰点温度以下，以保持冰冻状态贮存的过程，冷冻温度的范围应在－20 ℃～－1 ℃之间。

（十九）清洗：指利用清水清除原料夹带的杂质和原料、餐用具、设备和设施等表面的污物的操作过程。

（二十）消毒：用物理或化学方法破坏、钝化或除去有害微生物的操作过程。

（二十一）交叉污染：指食品、食品加工者、食品加工环境、工具、容器、设备、设施之间生物或化学的污染物相互转移的过程。

（二十二）从业人员：指餐饮服务提供者中从事食品采购、保存、加工、供餐服务以及食品安全管理等工作的人员。

第七条 本规范中“应”的要求是必须执行；“不得”的要求是禁止执行；“宜”的要求是推荐执行。

第二章　机构及人员管理

第八条　食品安全管理机构设置和人员配备要求

（一）大型以上餐馆（含大型餐馆）、学校食堂（含托幼机构食堂）、供餐人数 500 人以上的机关及企事业单位食堂、餐饮连锁企业总部、集体用餐配送单位、中央厨房应设置食品安全管理机构并配备专职食品安全管理人员。

（二）其他餐饮服务提供者应配备专职或兼职食品安全管理人员。

第九条　食品安全管理机构和人员职责要求

（一）建立健全食品安全管理制度，明确食品安全责任，落实岗位责任制。食品安全管理制度主要包括：从业人员健康管理制度和培训管理制度，加工经营场所及设施设备清洁、消毒和维修保养制度，食品、食品添加剂、食品相关产品采购索证索票、进货查验和台账记录制度，关键环节操作规程，餐厨废弃物处置管理制度，食品安全突发事件应急处置方案，投诉受理制度以及食品药品监管部门规定的其他制度。

（二）制订从业人员食品安全知识培训计划并加以实施，组织学习食品安全法律、法规、规章、规范、标准、加工操作规程和其他食品安全知识，加强诚信守法经营和职业道德教育。

（三）组织从业人员进行健康检查，依法将患有有碍食品安全疾病的人员调整到不影响食品安全的工作岗位。

（四）制订食品安全检查计划，明确检查项目及考核标准，并做好检查记录。

（五）组织制订食品安全事故处置方案，定期检查食品安全防范措施的落实情况，及时消除食品安全事故隐患。

（六）建立食品安全检查及从业人员健康、培训等管理档案。

（七）承担法律、法规、规章、规范、标准规定的其他职责。

第十条 食品安全管理人员基本要求

（一）身体健康并持有有效健康证明。

（二）具备 2 年以上餐饮服务食品安全工作经历。

（三）持有有效培训合格证明。

（四）食品药品监督管理部门规定的其他条件。

第十一条 从业人员健康管理要求

（一）从业人员（包括新参加和临时参加工作的人员）在上岗前应取得健康证明。

（二）每年进行一次健康检查，必要时进行临时健康检查。

（三）患有《食品安全法实施条例》第二十三条所列疾病的人员，不得从事接触直接入口食品的工作。

（四）餐饮服务提供者应建立每日晨检制度。有发热、腹泻、皮肤伤口或感染、咽部炎症等有碍食品安全病症的人员，应立即离开工作岗位，待查明原因并将有碍食品安全的病症治愈后，方可重新上岗。

第十二条 从业人员个人卫生要求

（一）应保持良好个人卫生，操作时应穿戴清洁的工作衣帽，头发不得外露，不得留长指甲、涂指甲油、佩带饰物。专间操作人员应戴口罩。

（二）操作前应洗净手部，操作过程中应保持手部清洁，手部受到污染后应及时洗手。洗手消毒宜符合《推荐的餐饮服务从业人员洗手消毒方法》（见附件 5）。

（三）接触直接入口食品的操作人员，有下列情形之一的，应洗手并消毒：

1. 处理食物前；

2. 使用卫生间后；

3. 接触生食物后；

4. 接触受到污染的工具、设备后；

5. 咳嗽、打喷嚏或擤鼻涕后；

6. 处理动物或废弃物后；

7. 触摸耳朵、鼻子、头发、面部、口腔或身体其他部位后；

8. 从事任何可能会污染双手的活动后。

（四）专间操作人员进入专间时，应更换专用工作衣帽并佩戴口罩，操作前应严格进行双手清洗消毒，操作中应适时消毒。不得穿戴专间工作衣帽从事与专间内操作无关的工作。

（五）不得将私人物品带入食品处理区。

（六）不得在食品处理区内吸烟、饮食或从事其他可能污染食品的行为。

（七）进入食品处理区的非操作人员，应符合现场操作人员卫生要求。

第十三条　从业人员工作服管理要求

（一）工作服（包括衣、帽、口罩）宜用白色或浅色布料制作，专间工作服宜从颜色或式样上予以区分。

（二）工作服应定期更换，保持清洁。接触直接入口食品的操作人员的工作服应每天更换。

（三）从业人员上卫生间前应在食品处理区内脱去工作服。

（四）待清洗的工作服应远离食品处理区。

（五）每名从业人员不得少于 2 套工作服。

第十四条　人员培训要求

（一）从业人员（包括新参加和临时参加工作的人员）应参加食品安全培训，合格后方能上岗。

（二）从业人员应按照培训计划和要求参加培训。

（三）食品安全管理人员原则上每年应接受不少于 40 小时的餐饮服务食品安全集中培训。

第三章　场所与设施、设备

第十五条　选址要求

（一）应选择地势干燥、有给排水条件和电力供应的地区，不得设在易受到污染的区域。

（二）应距离粪坑、污水池、暴露垃圾场（站）、旱厕等污染源25 m以上，并设置在粉尘、有害气体、放射性物质和其他扩散性污染源的影响范围之外。

（三）应同时符合规划、环保和消防等有关要求。

第十六条 建筑结构、布局、场所设置、分隔、面积要求

（一）建筑结构应坚固耐用、易于维修、易于保持清洁，能避免有害动物的侵入和栖息。

（二）食品处理区应设置在室内，按照原料进入、原料加工、半成品加工、成品供应的流程合理布局，并应能防止在存放、操作中产生交叉污染。食品加工处理流程应为生进熟出的单一流向。原料通道及入口、成品通道及出口、使用后的餐饮具回收通道及入口，宜分开设置；无法分设时，应在不同的时段分别运送原料、成品、使用后的餐饮具，或者将运送的成品加以无污染覆盖。

（三）食品处理区应设置专用的粗加工（全部使用半成品的可不设置）、烹饪（单纯经营火锅、烧烤的可不设置）、餐用具清洗消毒的场所，并应设置原料和（或）半成品贮存、切配及备餐（饮品店可不设置）的场所。进行凉菜配制、裱花操作、食品分装操作的，应分别设置相应专间。制作现榨饮料、水果拼盘及加工生食海产品的，应分别设置相应的专用操作场所。集中备餐的食堂和快餐店应设有备餐专间，或者符合本规范第十七条第二项第五目的要求。中央厨房配制凉菜以及待配送食品贮存的，应分别设置食品加工专间；食品冷却、包装应设置食品加工专间或专用设施。

（四）食品处理区应符合《餐饮服务提供者场所布局要求》（见附件1）。

（五）食品处理区的面积应与就餐场所面积、最大供餐人数相适应，各类餐饮服务提供者食品处理区与就餐场所面积之比、切配烹

饪场所面积应符合《餐饮服务提供者场所布局要求》。

（六）粗加工场所内应至少分别设置动物性食品和植物性食品的清洗水池，水产品的清洗水池应独立设置，水池数量或容量应与加工食品的数量相适应。应设专用于清洁工具的清洗水池，其位置应不会污染食品及其加工制作过程。洗手消毒水池、餐用具清洗消毒水池的设置应分别符合本规范第十七条第八项、第十一项的规定。各类水池应以明显标识标明其用途。

（七）烹饪场所加工食品如使用固体燃料，炉灶应为隔墙烧火的外扒灰式，避免粉尘污染食品。

（八）清洁工具的存放场所应与食品处理区分开，大型以上餐馆（含大型餐馆）、加工经营场所面积 500 m^2 以上的食堂、集体用餐配送单位和中央厨房宜设置独立存放隔间。

（九）加工经营场所内不得圈养、宰杀活的禽畜类动物。在加工经营场所外设立圈养、宰杀场所的，应距离加工经营场所 25 m 以上。

第十七条 设施要求

（一）地面与排水要求

1. 食品处理区地面应用无毒、无异味、不透水、不易积垢、耐腐蚀和防滑的材料铺设，且平整、无裂缝。

2. 粗加工、切配、烹饪和餐用具清洗消毒等需经常冲洗的场所及易潮湿的场所，其地面应易于清洗、防滑，并应有一定的排水坡度及排水系统。排水沟应有坡度、保持通畅、便于清洗，沟内不应设置其他管路，侧面和底面接合处应有一定弧度，并设有可拆卸的盖板。排水的流向应由高清洁操作区流向低清洁操作区，并有防止污水逆流的设计。排水沟出口应有符合本条第十二项要求的防止有害动物侵入的设施。

3. 清洁操作区内不得设置明沟，地漏应能防止废弃物流入及浊气逸出。

4. 废水应排至废水处理系统或经其他适当方式处理。

（二）墙壁与门窗要求

1. 食品处理区墙壁应采用无毒、无异味、不透水、不易积垢、平滑的浅色材料构筑。

2. 粗加工、切配、烹饪和餐用具清洗消毒等需经常冲洗的场所及易潮湿的场所，应有 1.5 m 以上、浅色、不吸水、易清洗和耐用的材料制成的墙裙，各类专间的墙裙应铺设到墙顶。

3. 粗加工、切配、烹饪和餐用具清洗消毒等场所及各类专间的门应采用易清洗、不吸水的坚固材料制作。

4. 食品处理区的门、窗应装配严密，与外界直接相通的门和可开启的窗应设有易于拆洗且不生锈的防蝇纱网或设置空气幕，与外界直接相通的门和各类专间的门应能自动关闭。室内窗台下斜 45 度或采用无窗台结构。

5. 以自助餐形式供餐的餐饮服务提供者或无备餐专间的快餐店和食堂，就餐场所窗户应为封闭式或装有防蝇防尘设施，门应设有防蝇防尘设施，宜设空气幕。

（三）屋顶与天花板要求

1. 加工经营场所天花板的设计应易于清扫，能防止害虫隐匿和灰尘积聚，避免长霉或建筑材料脱落等情形发生。

2. 食品处理区天花板应选用无毒、无异味、不吸水、不易积垢、耐腐蚀、耐温、浅色材料涂覆或装修，天花板与横梁或墙壁结合处有一定弧度；水蒸汽较多场所的天花板应有适当坡度，在结构上减少凝结水滴落。清洁操作区、准清洁操作区及其他半成品、成品暴露场所屋顶若为不平整的结构或有管道通过，应加设平整易于清洁的吊顶。

3. 烹饪场所天花板离地面宜 2.5 m 以上，小于 2.5 m 的应采用机械排风系统，有效排出蒸汽、油烟、烟雾等。

（四）卫生间要求

1. 卫生间不得设在食品处理区。

2. 卫生间应采用水冲式，地面、墙壁、便槽等应采用不透水、易清洗、不易积垢的材料。

3. 卫生间内的洗手设施，应符合本条第八项的规定且宜设置在出口附近。

4. 卫生间应设有效排气装置，并有适当照明，与外界相通的门窗应设有易于拆洗不生锈的防蝇纱网。外门应能自动关闭。

5. 卫生间排污管道应与食品处理区的排水管道分设，且应有有效的防臭气水封。

（五）更衣场所要求

1. 更衣场所与加工经营场所应处于同一建筑物内，宜为独立隔间且处于食品处理区入口处。

2. 更衣场所应有足够大小的空间、足够数量的更衣设施和适当的照明设施，在门口处宜设有符合本条第八项规定的洗手设施。

（六）库房要求

1. 食品和非食品（不会导致食品污染的食品容器、包装材料、工具等物品除外）库房应分开设置。

2. 食品库房应根据贮存条件的不同分别设置，必要时设冷冻（藏）库。

3. 同一库房内贮存不同类别食品和物品的应区分存放区域，不同区域应有明显标识。

4. 库房构造应以无毒、坚固的材料建成，且易于维持整洁，并应有防止动物侵入的装置。

5. 库房内应设置足够数量的存放架，其结构及位置应能使贮存的食品和物品距离墙壁、地面均在 10 cm 以上，以利空气流通及物品搬运。

6. 除冷冻（藏）库外的库房应有良好的通风、防潮、防鼠等设施。

7. 冷冻（藏）库应设可正确指示库内温度的温度计，宜设外显式温度（指示）计。

（七）专间设施要求

1. 专间应为独立隔间，专间内应设有专用工具容器清洗消毒设施和空气消毒设施，专间内温度应不高于 25 ℃，应设有独立的空调设施。中型以上餐馆（含中型餐馆）、快餐店、学校食堂（含托幼机构食堂）、供餐人数 50 人以上的机关和企事业单位食堂、集体用餐配送单位、中央厨房的专间入口处应设置有洗手、消毒、更衣设施的通过式预进间。不具备设置预进间条件的其他餐饮服务提供者，应在专间入口处设置洗手、消毒、更衣设施。洗手消毒设施应符合本条第八项规定。

2. 以紫外线灯作为空气消毒设施的，紫外线灯（波长 200～275 nm）应按功率不小于 1.5 W/m。

3. 设置，紫外线灯应安装反光罩，强度大于 70 μW/cm。专间内紫外线灯应分布均匀，悬挂于距离地面 2 m 以内高度。

4. 凉菜间、裱花间应设有专用冷藏设施。需要直接接触成品的用水，宜通过符合相关规定的水净化设施或设备。中央厨房专间内需要直接接触成品的用水，应加装水净化设施。

5. 专间应设一个门，如有窗户应为封闭式（传递食品用的除外）。专间内外食品传送窗口应可开闭，大小宜以可通过传送食品的容器为准。

6. 专间的面积应与就餐场所面积和供应就餐人数相适应，各类餐饮服务提供者专间面积要求应符合《餐饮服务提供者场所布局要求》。

（八）洗手消毒设施要求

1. 食品处理区内应设置足够数量的洗手设施，其位置应设置在方便员工的区域。

2. 洗手消毒设施附近应设有相应的清洗、消毒用品和干手用品或设施。员工专用洗手消毒设施附近应有洗手消毒方法标识。

3. 洗手设施的排水应具有防止逆流、有害动物侵入及臭味产生的装置。

4. 洗手池的材质应为不透水材料，结构应易于清洗。

5. 水龙头宜采用脚踏式、肘动式或感应式等非手触动式开关，并宜提供温水。中央厨房专间的水龙头应为非手触动式开关。

6. 就餐场所应设有足够数量的供就餐者使用的专用洗手设施，其设置应符合本项第二至第四目的要求。

（九）供水设施要求

1. 供水应能保证加工需要，水质应符合《生活饮用水卫生标准》（GB 5749）规定。

2. 不与食品接触的非饮用水（如冷却水、污水或废水等）的管道系统和食品加工用水的管道系统，可见部分应以不同颜色明显区分，并应以完全分离的管路输送，不得有逆流或相互交接现象。

（十）通风排烟设施要求

1. 食品处理区应保持良好通风，及时排除潮湿和污浊的空气。空气流向应由高清洁区流向低清洁区，防止食品、餐用具、加工设备设施受到污染。

2. 烹饪场所应采用机械排风。产生油烟的设备上方应加设附有机械排风及油烟过滤的排气装置，过滤器应便于清洗和更换。

3. 产生大量蒸汽的设备上方应加设机械排风排气装置，宜分隔成小间，防止结露并做好凝结水的引泄。

4. 排气口应装有易清洗、耐腐蚀并符合本条第十二项要求的可防止有害动物侵入的网罩。

（十一）清洗、消毒、保洁设施要求

1. 清洗、消毒、保洁设备设施的大小和数量应能满足需要。

2. 用于清扫、清洗和消毒的设备、用具应放置在专用场所妥善保管。

3. 餐用具清洗消毒水池应专用，与食品原料、清洁用具及接触非直接入口食品的工具、容器清洗水池分开。水池应使用不锈钢或陶瓷等不透水材料制成，不易积垢并易于清洗。采用化学消毒的，至少设有3个专用水池。采用人工清洗热力消毒的，至少设有2个专用水池。各类水池应以明显标识标明其用途。

4. 采用自动清洗消毒设备的，设备上应有温度显示和清洗消毒剂自动添加装置。

5. 使用的洗涤剂、消毒剂应符合《食品工具、设备用洗涤卫生标准》(GB 14930.1）和《食品工具、设备用洗涤消毒剂卫生标准》(GB 14930.2）等有关食品安全标准和要求。

6. 洗涤剂、消毒剂应存放在专用的设施内。

7. 应设专供存放消毒后餐用具的保洁设施，标识明显，其结构应密闭并易于清洁。

（十二）防尘、防鼠、防虫害设施及其相关物品管理要求

1. 加工经营场所门窗应按本条第二项规定设置防尘防鼠防虫害设施。

2. 加工经营场所可设置灭蝇设施。使用灭蝇灯的，应悬挂于距地面2 m左右高度，且应与食品加工操作场所保持一定距离。

3. 排水沟出口和排气口应有网眼孔径小于6 mm的金属隔栅或网罩，以防鼠类侵入。

4. 应定期进行除虫灭害工作，防止害虫孳生。除虫灭害工作不得在食品加工操作时进行，实施时对各种食品应有保护措施。

5. 加工经营场所内如发现有害动物存在，应追查和杜绝其来源，扑灭时应不污染食品、食品接触面及包装材料等。

6. 杀虫剂、杀鼠剂及其他有毒有害物品存放，应有固定的场所（或橱柜）并上锁，有明显的警示标识，并有专人保管。

7. 使用杀虫剂进行除虫灭害，应由专人按照规定的使用方法进行。宜选择具备资质的有害动物防治机构进行除虫灭害。

8. 各种有毒有害物品的采购及使用应有详细记录，包括使用人、

使用目的、使用区域、使用量、使用及购买时间、配制浓度等。使用后应进行复核，并按规定进行存放、保管。

（十三）采光照明设施要求

1. 加工经营场所应有充足的自然采光或人工照明，食品处理区工作面不应低于 220 lx，其他场所不宜低于 110 lx。光源应不改变所观察食品的天然颜色。

2. 安装在暴露食品正上方的照明设施应使用防护罩，以防止破裂时玻璃碎片污染食品。冷冻（藏）库房应使用防爆灯。

（十四）废弃物暂存设施要求

1. 食品处理区内可能产生废弃物或垃圾的场所均应设有废弃物容器。废弃物容器应与加工用容器有明显的区分标识。

2. 废弃物容器应配有盖子，以坚固及不透水的材料制造，能防止污染食品、食品接触面、水源及地面，防止有害动物的侵入，防止不良气味或污水的溢出，内壁应光滑以便于清洗。专间内的废弃物容器盖子应为非手动开启式。

3. 废弃物应及时清除，清除后的容器应及时清洗，必要时进行消毒。

4. 在加工经营场所外适当地点宜设置结构密闭的废弃物临时集中存放设施。中型以上餐馆（含中型餐馆）、食堂、集体用餐配送单位和中央厨房，宜安装油水隔离池、油水分离器等设施。

（十五）设备、工具和容器要求

1. 接触食品的设备、工具、容器、包装材料等应符合食品安全标准或要求。

2. 接触食品的设备、工具和容器应易于清洗消毒、便于检查，避免因润滑油、金属碎屑、污水或其他可能引起污染。

3. 接触食品的设备、工具和容器与食品的接触面应平滑、无凹陷或裂缝，内部角落部位应避免有尖角，以避免食品碎屑、污垢等的聚积。

4. 设备的摆放位置应便于操作、清洁、维护和减少交叉污染。

5. 用于原料、半成品、成品的工具和容器，应分开摆放和使用并有明显的区分标识；原料加工中切配动物性食品、植物性食品、水产品的工具和容器，应分开摆放和使用并有明显的区分标识。

6. 所有食品设备、工具和容器，不宜使用木质材料，必须使用木质材料时应不会对食品产生污染。

7. 集体用餐配送单位和中央厨房应配备盛装、分送产品的专用密闭容器，运送产品的车辆应为专用封闭式，车辆内部结构应平整、便于清洁，设有温度控制设备。

第十八条 场所及设施设备管理要求

（一）应建立餐饮服务加工经营场所及设施设备清洁、消毒制度，各岗位相关人员宜按照《推荐的餐饮服务场所、设施、设备及工具清洁方法》（见附件 3）的要求进行清洁，使场所及其内部各项设施设备随时保持清洁。

（二）应建立餐饮服务加工经营场所及设施设备维修保养制度，并按规定进行维护或检修，以使其保持良好的运行状况。

（三）食品处理区不得存放与食品加工无关的物品，各项设施设备也不得用作与食品加工无关的用途。

第四章 过程控制

第十九条 加工操作规程的制定与执行

（一）餐饮服务提供者应按本规范有关要求，根据《餐饮服务预防食物毒注意事项》（见附件 4）的基本原则，制定相应的加工操作规程。

（二）根据经营的产品类别，加工操作规程应包括采购验收、粗加工、切配、烹饪、备餐、供餐以及凉菜配制、裱花操作、生食海产品加工、饮料现榨、水果拼盘制作、面点制作、烧烤加工、食品再加热、食品添加剂使用、餐用具清洗消毒保洁、集体用餐食品分

装及配送、中央厨房食品包装及配送、食品留样、贮存等加工操作工序的具体规定和操作方法的详细要求。

（三）加工操作规程应具体规定加工操作程序、加工操作过程关键项目控制标准和设备操作与维护标准，明确各工序、各岗位人员的要求及职责。

（四）餐饮服务提供者应教育培训员工严格按照加工操作规程进行操作，确保符合食品安全要求。

第二十条 采购验收要求

（一）采购的食品、食品添加剂、食品相关产品等应符合国家有关食品安全标准和规定的要求，不得采购《食品安全法》第二十八条规定禁止生产经营的食品和《农产品质量安全法》第三十三条规定不得销售的食用农产品。

（二）采购食品、食品添加剂及食品相关产品的索证索票、进货查验和采购记录行为应符合《餐饮服务食品采购索证索票管理规定》的要求。

（三）采购需冷藏或冷冻的食品时，应冷链运输。

（四）出库时应做好记录。

第二十一条 粗加工与切配要求

（一）加工前应认真检查待加工食品，发现有腐败变质迹象或者其他感官性状异常的，不得加工和使用。

（二）食品原料在使用前应洗净，动物性食品原料、植物性食品原料、水产品原料应分池清洗，禽蛋在使用前应对外壳进行清洗，必要时进行消毒。

（三）易腐烂变质食品应尽量缩短在常温下的存放时间，加工后应及时使用或冷藏。

（四）切配好的半成品应避免受到污染，与原料分开存放，并应根据性质分类存放。

（五）切配好的半成品应按照加工操作规程，在规定时间内使用。

（六）用于盛装食品的容器不得直接放置于地面，以防止食品受到污染。

（七）加工用工具及容器应符合本规范第十七条第十五项规定。生熟食品的加工工具及容器应分开使用并有明显标识。

第二十二条 烹饪要求

（一）烹饪前应认真检查待加工食品，发现有腐败变质或者其他感官性状异常的，不得进行烹饪加工。

（二）不得将回收后的食品经加工后再次销售。

（三）需要熟制加工的食品应烧熟煮透，其加工时食品中心温度应不低于 70 ℃。

（四）加工后的成品应与半成品、原料分开存放。

（五）需要冷藏的熟制品，应尽快冷却后再冷藏，冷却应在清洁操作区进行，并标注加工时间等。

（六）用于烹饪的调味料盛放器皿宜每天清洁，使用后随即加盖或苫盖，不得与地面或污垢接触。

（七）菜品用的围边、盘花应保证清洁新鲜、无腐败变质，不得回收后再使用。

第二十三条 备餐及供餐要求

（一）在备餐专间内操作应符合本规范第二十四条第一项至第四项要求。

（二）供应前应认真检查待供应食品，发现有腐败变质或者其他感官性状异常的，不得供应。

（三）操作时应避免食品受到污染。

（四）分派菜肴、整理造型的用具使用前应进行消毒。

（五）用于菜肴装饰的原料使用前应洗净消毒，不得反复使用。

（六）在烹饪后至食用前需要较长时间（超过 2 小时）存放的食品应当在高于 60 ℃或低于 10 ℃的条件下存放。

第二十四条　凉菜配制要求

（一）加工前应认真检查待加工食品，发现有腐败变质或者其他感官性状异常的，不得进行加工。

（二）专间内应当由专人加工制作，非操作人员不得擅自进入专间。专间内操作人员应符合本规范第十二条第四项的要求。

（三）专间每餐（或每次）使用前应进行空气和操作台的消毒。使用紫外线灯消毒的，应在无人工作时开启 30 分钟以上，并做好记录。

（四）专间内应使用专用的设备、工具、容器，用前应消毒，用后应洗净并保持清洁。

（五）供配制凉菜用的蔬菜、水果等食品原料，未经清洗处理干净的，不得带入凉菜间。

（六）制作好的凉菜应尽量当餐用完。剩余尚需使用的应存放于专用冰箱中冷藏或冷冻，食用前要加热的应按照本规范第三十条第三项规定进行再加热。

（七）职业学校、普通中等学校、小学、特殊教育学校、托幼机构的食堂不得制售凉菜。

第二十五条　裱花操作要求

（一）专间内操作应符合本规范第二十四条第一项至第四项规定。

（二）蛋糕胚应在专用冰箱中冷藏。

（三）裱浆和经清洗消毒的新鲜水果应当天加工、当天使用。

（四）植脂奶油裱花蛋糕储藏温度在 3 ℃±2 ℃，蛋白裱花蛋糕、奶油裱花蛋糕、人造奶油裱花蛋糕储藏温度不得超过 20 ℃。

第二十六条　生食海产品加工要求

（一）用于加工的生食海产品应符合相关食品安全要求。

（二）加工前应认真检查待加工食品，发现有腐败变质或者其他感官性状异常的，不得进行加工。

（三）从事生食海产品加工的人员操作前应清洗、消毒手部，操作时佩戴口罩。

（四）用于生食海产品加工的工具、容器应专用。用前应消毒，用后应洗净并在专用保洁设施内存放。

（五）加工操作时应避免生食海产品的可食部分受到污染。

（六）加工后的生食海产品应当放置在密闭容器内冷藏保存，或者放置在食用冰中保存并用保鲜膜分隔。

（七）放置在食用冰中保存时，加工后至食用的间隔时间不得超过1小时。

第二十七条　饮料现榨及水果拼盘制作要求

（一）从事饮料现榨和水果拼盘制作的人员操作前应清洗、消毒手部，操作时佩戴口罩。

（二）用于饮料现榨及水果拼盘制作的设备、工具、容器应专用。每餐次使用前应消毒，用后应洗净并在专用保洁设施内存放。

（三）用于饮料现榨和水果拼盘制作的蔬菜、水果应新鲜，未经清洗处理干净的不得使用。

（四）用于制作现榨饮料、食用冰等食品的水，应为通过符合相关规定的净水设备处理后或煮沸冷却后的饮用水。

（五）制作现榨饮料不得掺杂、掺假及使用非食用物质。

（六）制作的现榨饮料和水果拼盘当餐不能用完的，应妥善处理，不得重复利用。

第二十八条　面点制作要求

（一）加工前应认真检查待加工食品，发现有腐败变质或者其他感官性状异常的，不得进行加工。

（二）需进行热加工的应按本规范第二十二条第三项要求进行操作。

（三）未用完的点心馅料、半成品，应冷藏或冷冻，并在规定存放期限内使用。

（四）奶油类原料应冷藏存放。水分含量较高的含奶、蛋的点心应在高于 60 ℃或低于 10 ℃的条件下贮存。

第二十九条　烧烤加工要求

（一）加工前应认真检查待加工食品，发现有腐败变质或者其他感官性状异常的，不得进行加工。

（二）原料、半成品应分开放置，成品应有专用存放场所，避免受到污染。

（三）烧烤时应避免食品直接接触火焰。

第三十条　食品再加热要求

（一）保存温度低于 60 ℃或高于 10 ℃、存放时间超过 2 小时的熟食品，需再次利用的应充分加热。加热前应确认食品未变质。

（二）冷冻熟食品应彻底解冻后经充分加热方可食用。

（三）加热时食品中心温度应符合本规范第二十二条第三项规定，不符合加热标准的食品不得食用。

第三十一条　食品添加剂的使用要求

（一）食品添加剂应专人采购、专人保管、专人领用、专人登记、专柜保存。

（二）食品添加剂的存放应有固定的场所（或橱柜），标识“食品添加剂”字样，盛装容器上应标明食品添加剂名称。

（三）食品添加剂的使用应符合国家有关规定，采用精确的计量工具称量，并有详细记录。

第三十二条　餐用具清洗消毒保洁要求

（一）餐用具使用后应及时洗净，定位存放，保持清洁。消毒后的餐用具应贮存在专用保洁设施内备用，保洁设施应有明显标识。餐用具保洁设施应定期清洗，保持洁净。

（二）接触直接入口食品的餐用具宜按照《推荐的餐用具清洗消毒方法》（见附件 2）的规定洗净并消毒。

（三）餐用具宜用热力方法进行消毒，因材质、大小等原因无法采用的除外。

（四）应定期检查消毒设备、设施是否处于良好状态。采用化学消毒的，应定时测量有效消毒浓度。

（五）消毒后的餐饮具应符合《食（饮）具消毒卫生标准》（GB 14934）规定。

（六）不得重复使用一次性餐用具。

（七）已消毒和未消毒的餐用具应分开存放，保洁设施内不得存放其他物品。

（八）盛放调味料的器皿应定期清洗消毒。

第三十三条 集体用餐食品分装及配送要求

（一）专间内操作应符合本规范第二十四条第一项至第四项要求。

（二）盛装、分送集体用餐的容器不得直接放置于地面，容器表面应标明加工单位、生产日期及时间、保质期，必要时标注保存条件和食用方法。

（三）集体用餐配送的食品不得在 10 ℃～60 ℃的温度条件下贮存和运输，从烧熟至食用的间隔时间（保质期）应符合以下要求：

烧熟后 2 小时的食品中心温度保持在 60 ℃以上（热藏）的，其保质期为烧熟后 4 小时。

烧熟后 2 小时的食品中心温度保持在 10 ℃以下（冷藏）的，保质期为烧熟后 24 小时，供餐前应按本规范第三十条第三项要求再加热。

（四）运输集体用餐的车辆应配备符合条件的冷藏或加热保温设备或装置，使运输过程中食品的中心温度保持在 10 ℃以下或 60 ℃以上。

（五）运输车辆应保持清洁，每次运输食品前应进行清洗消毒，在运输装卸过程中也应注意保持清洁，运输后进行清洗，防止食品在运输过程中受到污染。

第三十四条 中央厨房食品包装及配送要求

（一）专间内操作应符合本规范第二十四条第一项至第四项要求。

（二）包装材料应符合国家有关食品安全标准和规定的要求。

（三）用于盛装食品的容器不得直接放置于地面。

（四）配送食品的最小使用包装或食品容器包装上的标签应标明加工单位、生产日期及时间、保质期、半成品加工方法，必要时标注保存条件和成品食用方法。

（五）应根据配送食品的产品特性选择适宜的保存条件和保质期，宜冷藏或冷冻保存。冷藏或冷冻的条件应符合第三十三条第三项至第四项的要求。

（六）运输车辆应保持清洁，每次运输食品前应进行清洗消毒，在运输装卸过程中也应注意保持清洁，运输后进行清洗，防止食品在运输过程中受到污染。

第三十五条　甜品站要求

甜品站销售的食品应由餐饮主店配送，并建立配送台账。不得自行采购食品、食品添加剂和食品相关产品。食品配送应使用封闭的恒温或冷冻、冷藏设备设施。

第三十六条　食品留样要求

（一）学校食堂（含托幼机构食堂）、超过 100 人的建筑工地食堂、集体用餐配送单位、中央厨房，重大活动餐饮服务和超过 100 人的一次性聚餐，每餐次的食品成品应留样。

（二）留样食品应按品种分别盛放于清洗消毒后的密闭专用容器内，并放置在专用冷藏设施中，在冷藏条件下存放 48 小时以上，每个品种留样量应满足检验需要，不少于 100 g，并记录留样食品名称、留样量、留样时间、留样人员、审核人员等。

第三十七条　贮存要求

（一）贮存场所、设备应保持清洁，无霉斑、鼠迹、苍蝇、蟑螂等，不得存放有毒、有害物品及个人生活用品。

（二）食品应当分类、分架存放，距离墙壁、地面均在 10 cm 以上。食品原料、食品添加剂使用应遵循先进先出的原则，及时清理销毁变质和过期的食品原料及食品添加剂。

（三）冷藏、冷冻柜（库）应有明显区分标识。冷藏、冷冻贮存应做到原料、半成品、成品严格分开放置，植物性食品、动物性食品和水产品分类摆放，不得将食品堆积、挤压存放。冷藏、冷冻的温度应分别符合相应的温度范围要求。冷藏、冷冻柜（库）应定期除霜、清洁和维修，校验温度（指示）计。

第三十八条 检验要求

（一）集体用餐配送单位和中央厨房应设置与生产品种和规模相适应的检验室，配备与产品检验项目相适应的检验设备和设施、专用留样容器、冷藏设施。

（二）检验室应配备经专业培训并考核合格的检验人员。

（三）鼓励大型以上餐馆（含大型餐馆）、学校食堂配备相应的检验设备和人员。

第三十九条 餐厨废弃物处置要求

（一）餐饮服务提供者应建立餐厨废弃物处置管理制度，将餐厨废弃物分类放置，做到日产日清。

（二）餐厨废弃物应由经相关部门许可或备案的餐厨废弃物收运、处置单位或个人处理。餐饮服务提供者应与处置单位或个人签订合同，并索取其经营资质证明文件复印件。

（三）餐饮服务提供者应建立餐厨废弃物处置台账，详细记录餐厨废弃物的种类、数量、去向、用途等情况，定期向监管部门报告。

第四十条 记录管理要求

（一）人员健康状况、培训情况、原料采购验收、加工操作过程关键项目、食品安全检查情况、食品留样、检验结果及投诉情况、处理结果、发现问题后采取的措施等均应详细记录。

（二）各项记录均应有执行人员和检查人员的签名。

（三）各岗位负责人应督促相关人员按要求进行记录，并每天检

查记录的有关内容。食品安全管理人员应定期或不定期检查相关记录，如发现异常情况，应立即督促有关人员采取整改措施。

（四）有关记录至少应保存 2 年。

第四十一条　信息报告要求

餐饮服务提供者发生食品安全事故时，应立即采取封存等控制措施，并按《餐饮服务食品安全监督管理办法》有关规定及时报告有关部门。

第四十二条　备案和公示要求

（一）自制火锅底料、饮料、调味料的餐饮服务提供者应向监管部门备案所使用的食品添加剂名称，并在店堂醒目位置或菜单上予以公示。

（二）采取调制、配制等方式自制火锅底料、饮料、调味料等食品的餐饮服务提供者，应在店堂醒目位置或菜单上公示制作方式。

第四十三条　投诉受理要求

（一）餐饮服务提供者应建立投诉受理制度，对消费者提出的投诉，应立即核实，妥善处理，并且留有记录。

（二）餐饮服务提供者接到消费者投诉食品感官异常或可疑变质时，应及时核实该食品，如有异常，应及时撤换，同时告知备餐人员做出相应处理，并对同类食品进行检查。

第五章　附　　则

第四十四条　省级食品药品监督管理部门可根据本规范制定具体实施细则，报国家食品药品监督管理局备案。

第四十五条　本规范由国家食品药品监督管理局负责解释。

第四十六条　本规范自发布之日起施行。

附件 1

餐饮服务提供者场所布局要求

	加工经营场所面积（m^2）或人数	食品处理区与就餐场所面积之比（推荐）	切配烹饪场所面积	凉菜间面积	食品处理区为独立隔间的场所
餐馆	≤150 m^2	≥1∶2.0	≥食品处理区面积 50%	≥食品处理区面积 10%	加工烹饪、餐用具清洗消毒
	150～500 m^2（不含 150 m^2，含 500 m^2）	≥1∶2.2	≥食品处理区面积 50%	≥食品处理区面积 10%，且≥5 m^2	加工、烹饪、餐用具清洗消毒
	500～3 000 m^2（不含 500 m^2，含 3 000 m^2）	≥1∶2.5	≥食品处理区面积 50%	≥食品处理区面积 10%	粗加工、切配、烹饪、餐用具清洗消毒、清洁工具存放
	＞3 000 m^2	≥1∶3.0	≥食品处理区面积 50%	≥食品处理区面积 10%	粗加工、切配、烹饪、餐用具清洗消毒、餐用具保洁、清洁工具存放
快餐店	/	/	≥食品处理区面积 50%	≥食品处理区面积 10%，且≥5 m^2	加工、备餐
小吃店饮品店	/	/	≥食品处理区面积 50%	≥食品处理区面积 10%	加工、备餐
食堂	供餐人数 50 人以下的机关、企事业单位食堂	/	≥食品处理区面积 50%	≥食品处理区面积 10%	备餐、其他参照餐馆相应要求设置
	供餐人数 300 人以下的学校食堂，供餐人数 50～500 人的机关、企事业单位食堂	/	≥食品处理区面积 50%	≥食品处理区面积 10%，且≥5 m^2	备餐、其他参照餐馆相应要求设置

续上表

	加工经营场所面积（m²）或人数	食品处理区与就餐场所面积之比（推荐）	切配烹饪场所面积	凉菜间面积	食品处理区为独立隔间的场所
食堂	供餐人数300人以上的学校（含托幼机构）食堂，供餐人数500人以上的机关、企事业单位食堂	/	≥食品处理区面积50%	≥食品处理区面积10%	备餐、其他参照餐馆相应要求设置
	建筑工地食堂	布局要求和标准由各省级食品药品监管部门制定			/
集体用餐配送单位	食品处理区面积与最大供餐人数相适应，小于200 m²，面积与单班最大生产份数之比为1∶2.5；200～400 m²，面积与单班最大生产份数之比为1∶2.5；400～800 m²，面积与单班最大生产份数之比为1∶4；800～1 500 m²，面积与单班最大生产份数之比为1∶6；面积大于1 500 m²的，其面积与单班最大生产份数之比可适当减少。烹饪场所面积≥食品处理区面积15%，分餐间面积≥食品处理区10%，清洗消毒面积≥食品处理区10%				粗加工、切配、烹饪、餐用具清洗消毒、餐用具保洁、分装、清洁工具存放
中央厨房	加工操作和贮存场所面积原则上不小于300 m²；清洗消毒区面积不小于食品处理区面积的10%		≥食品处理区面积15%	≥10 m²	粗加工、切配、烹饪、面点制作、食品冷却、食品包装、待配送食品贮存、工用具清洗消毒、食品库房、更衣室、清洁工具存放

注：1. 各省级食品药品监管部门可对小型餐馆、快餐店、小吃店、饮品店的场所布局，结合本地情况进行调整，报国家食品药品监督管理局备案。

2. 全部使用半成品加工的餐饮服务提供者以及单纯经营火锅、烧烤的餐饮服务提供者，食品处理区与就餐场所面积之比在上表基础上可适当减少，有关情况报国家食品药品监督管理局备案。

附件2

推荐的餐用具清洗消毒方法

一、清洗方法

（一）采用手工方法清洗的应按以下步骤进行：

1. 刮掉沾在餐用具表面上的大部分食物残渣、污垢。

2. 用含洗涤剂溶液洗净餐用具表面。

3. 用清水冲去残留的洗涤剂。

（二）洗碗机清洗按设备使用说明进行。

二、消毒方法

（一）物理消毒。包括蒸汽、煮沸、红外线等热力消毒方法。

1. 煮沸、蒸汽消毒保持 100 ℃，10 分钟以上。

2. 红外线消毒一般控制温度 120 ℃以上，保持 10 分钟以上。

3. 洗碗机消毒一般控制水温 85 ℃，冲洗消毒 40 秒以上。

（二）化学消毒。主要为使用各种含氯消毒药物（餐饮服务常用消毒剂及化学消毒注意事项见附件 6）消毒。

1. 使用浓度应含有效氯 250 mg/L（又称 250 ppm）以上，餐用具全部浸泡入液体中 5 分钟以上。

2. 化学消毒后的餐用具应用净水冲去表面残留的消毒剂。

餐饮服务提供者在确保消毒效果的前提下可以采用其他消毒方法和参数。

（三）保洁方法

1. 消毒后的餐用具要自然滤干或烘干，不应使用抹布、餐巾擦干，避免受到再次污染。

2. 消毒后的餐用具应及时放入密闭的餐用具保洁设施内。

附件 3

推荐的餐饮服务场所、设施、设备及工具清洁方法

项　目	频　率	使用物品	方　法
地　面	每天完工或有需要时	扫帚、拖把、刷子、清洁剂	(1) 用扫帚扫地 (2) 用拖把以清洁剂拖地 (3) 用刷子刷去余下污物 (4) 用水彻底冲净 (5) 用干拖把拖干地面
排水沟	每天完工或有需要时	铲子、刷子、清洁剂及消毒剂	(1) 用铲子铲去沟内大部分污物 (2) 用水冲洗排水沟 (3) 用刷子刷去沟内余下污物 (4) 用清洁剂、消毒剂洗净排水沟
墙壁、天花板（包括照明设施）及门窗	每月一次或有需要时	抹布、刷子及清洁剂	(1) 用干布除去干的污物 (2) 用湿布抹擦或用水冲刷 (3) 用清洁剂清洗 (4) 用湿布抹净或用水冲净 (5) 风干
冷　库	每周一次或有需要时	抹布、刷子及清洁剂	(1) 清除食物残渣及污物 (2) 用湿布抹擦或用水冲刷 (3) 用清洁剂清洗 (4) 用湿布抹净或用水冲净 (5) 用清洁的抹布抹干/风干
工作台及洗涤盆	每次使用后	抹布、清洁剂及消毒剂	(1) 清除食物残渣及污物 (2) 用湿布抹擦或用水冲刷 (3) 用清洁剂清洗 (4) 用湿布抹净或用水冲净 (5) 用消毒剂消毒 (6) 风干

续上表

项　目	频　率	使用物品	方　法
工具及加工设备	每次使用后	抹布、刷子、清洁剂及消毒剂	(1) 清除食物残渣及污物 (2) 用水冲刷 (3) 用清洁剂清洗 (4) 用水冲净 (5) 用消毒剂消毒 (6) 风干
排烟设施	表面每周一次 内部清洗每年不少于2次	抹布、刷子及清洁剂	(1) 用清洁剂清洗 (2) 用刷子、抹布去除油污 (3) 用湿布抹净或用水冲净 (4) 风干
废弃物暂存容器	每天完工或有需要时	刷子、清洁剂及消毒剂	(1) 清除食物残渣及污物 (2) 用水冲刷 (3) 用清洁剂清洗 (4) 用水冲净 (5) 用消毒剂消毒 (6) 风干

附件 4

餐饮服务预防食物中毒注意事项

一、食物中毒的常见原因

（一）细菌性食物中毒常见原因

1. 生熟交叉污染。如熟食品被生的食品原料污染，或被与生的食品原料接触过的表面（如容器、手、操作台等）污染，或接触熟食品的容器、手、操作台等被生的食品原料污染。

2. 食品贮存不当。如熟制高风险食品被长时间存放在 10 ℃至 60 ℃之间的温度条件下（在此温度下的存放时间应小于 2 小时），或易腐原料、半成品食品在不适合温度下长时间贮存。

3. 食品未烧熟煮透。如食品烧制时间不足、烹饪前未彻底解冻等原因使食品加工时中心温度未达到 70 ℃。

4. 从业人员带菌污染食品。从业人员患有传染病或是带菌者，操作时通过手部接触等方式污染食品。

5. 经长时间贮存的食品食用前未彻底再加热至中心温度 70 ℃以上。

6. 进食未经加热处理的生食品。

（二）化学性食物中毒常见原因

1. 作为食品原料的食用农产品，在种植养殖过程或生长环境中受到化学性有毒有害物质污染或食用前有毒农药或兽药残留剂量较多。

2. 食品中含有天然有毒物质，食品加工过程未去除。如豆浆未煮透使其中的胰蛋白酶抑制物未彻底去除，四季豆加热时间不够使其中的皂素等未完全破坏。

3. 食品在加工过程受到化学性有毒有害物质的污染。如误将亚硝酸盐当作食盐使用。

4. 食用有毒有害食品，如毒蕈、发芽马铃薯、河豚鱼。

二、预防食物中毒的基本方法

（一）预防细菌性食物中毒的基本原则和关键点

预防细菌性食物中毒，应根据防止食品受到病原菌污染、控制病原菌的繁殖和杀灭病原菌三项基本原则采取措施，其关键点主要有：

1. 避免污染。即避免熟食品受到各种病原菌的污染。如避免生食品与熟食品接触；经常性洗手，接触直接入口食品的人员还应消毒手部；保持食品加工操作场所清洁；避免昆虫、鼠类等动物接触食品。

2. 控制温度。即控制适当的温度以保证杀灭食品中的病原菌或防止病原菌的生长繁殖。如加热食品应使中心温度达到 70 ℃以上。贮存熟食品，要及时热藏，使食品温度保持在 60 ℃以上，或者及时冷藏，把温度控制在 10 ℃以下。

3. 控制时间。即尽量缩短食品存放时间，不给病原菌生长繁殖的机会。熟食品应尽量当餐食用；食品原料应尽快使用完。

4. 清洗和消毒。这是防止食品受到污染的主要措施。接触食品的所有物品应清洗干净，凡是接触直接入口食品的物品，还应在清洗的基础上进行消毒。一些生吃的蔬菜水果也应进行清洗消毒。

5. 控制加工量。食品的加工量应与加工条件相吻合。食品加工量超过加工场所和设备的承受能力时，难以做到按食品安全要求加工，极易造成食品污染，引起食物中毒。

（二）预防常见化学性食物中毒的措施

1. 农药引起的食物中毒。蔬菜粗加工时以食品洗涤剂（洗洁精）溶液浸泡 30 分钟后再冲净，烹饪前再经烫泡 1 分钟，可有效去除蔬菜表面的大部分农药。

2. 豆浆引起的食物中毒。烧煮生豆浆时将上涌泡沫除净，煮沸

后再以文火维持煮沸 5 分钟左右，可使其中的胰蛋白酶抑制物彻底分解破坏。应注意豆浆加热至 80 ℃时，会有许多泡沫上浮，出现“假沸”现象。

3. 四季豆引起的食物中毒。烹饪时先将四季豆放入开水中烫煮 10 分钟以上再炒。

4. 亚硝酸盐引起的食物中毒。加强亚硝酸盐的保管，避免误作食盐使用。

附件 5

推荐的餐饮服务从业人员洗手消毒方法

一、洗手程序

（一）在水龙头下先用水（最好是温水）把双手弄湿。

（二）双手涂上洗涤剂。

（三）双手互相搓擦 20 秒（必要时，以干净卫生的指甲刷清洁指甲）。

（四）用自来水彻底冲洗双手，工作服为短袖的应洗到肘部。

（五）关闭水龙头（手动式水龙头应用肘部或以纸巾包裹水龙头关闭）。

（六）用清洁纸巾、卷轴式清洁抹手布或干手机干燥双手。

二、标准洗手方法

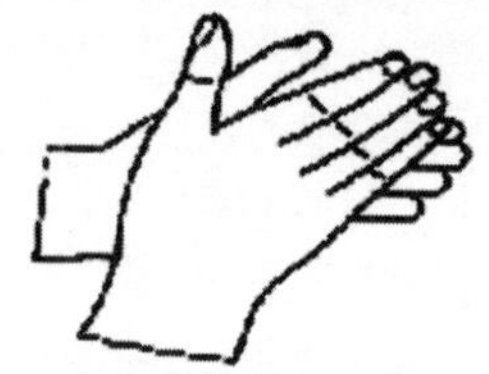

1.掌心对掌心搓擦

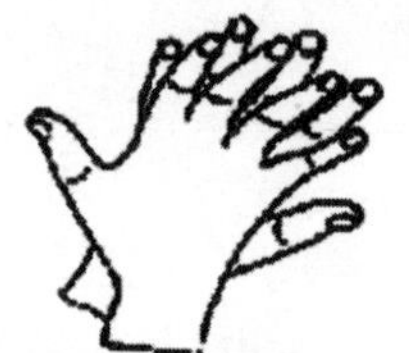

2.手指交错掌心对手背搓擦

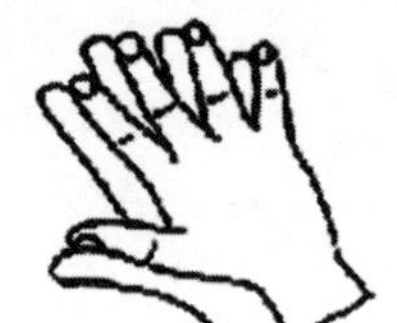

3.手指交错掌心对掌心搓擦

4.两手互握互搓指背

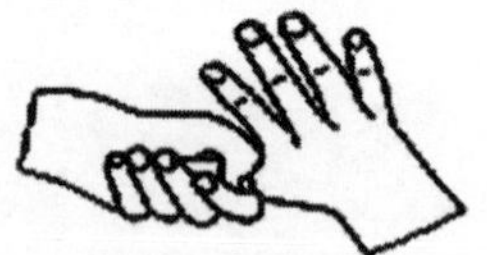

5.拇指在掌中转动搓擦

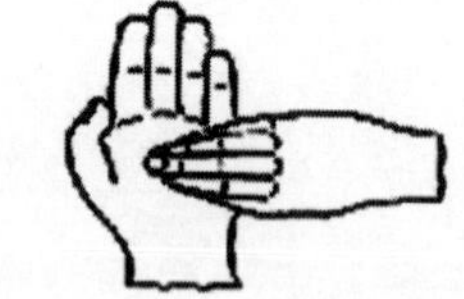

6.指尖在掌心中搓擦

三、标准的手部消毒方法

清洗后的双手在消毒剂水溶液中浸泡 20～30 秒，或涂擦消毒剂后充分揉搓 20～30 秒（餐饮服务常用消毒剂及化学消毒注意事项见附件 6）。

附件 6

餐饮服务常用消毒剂及化学消毒注意事项

一、常用消毒剂

（一）漂白粉：主要成分为次氯酸钠，还含有氢氧化钙、氧化钙、氯化钙等。配制水溶液时应先加少量水，调成糊状，再边加水边搅拌成乳液，静置沉淀，取澄清液使用。漂白粉可用于环境、操作台、设备、餐用具及手部等的涂擦和浸泡消毒。

（二）次氯酸钙（漂粉精）：使用时充分溶解在水中，普通片剂应碾碎后加入水中充分搅拌溶解，泡腾片可直接加入溶解。使用范围同漂白粉。

（三）次氯酸钠：使用时在水中充分混匀。使用范围同漂白粉。

（四）二氯异氰尿酸钠（优氯净）：使用时充分溶解在水中，普通片剂应碾碎后加入水中充分搅拌溶解，泡腾片可直接加入溶解。使用范围同漂白粉。

（五）二氧化氯：因配制的水溶液不稳定，应在使用前加活化剂现配现用。使用范围同漂白粉。因氧化作用极强，应避免接触油脂，以防止加速其氧化。

（六）碘伏：0.3%～0.5%碘伏可用于手部浸泡消毒。

（七）新洁尔灭：0.1%新洁而灭可用于手部浸泡消毒。

（八）乙醇：75%乙醇可用于手部或操作台、设备、工具等涂擦消毒。90%乙醇点燃可用砧板、工具消毒。

二、消毒液配制方法举例

以每片含有效氯 0.25 g 的漂粉精片配制 1 L 的有效氯浓度为 250 mg/L 的消毒液为例：

（一）在专用消毒容器中事先标好 1 L 的刻度线。

（二）容器中加水至刻度线。

（三）将 1 片漂粉精片碾碎后加入水中。

（四）搅拌至药片充分溶解。

三、化学消毒注意事项

（一）使用的消毒剂应在保质期限内，并按规定的温度等条件贮存。

（二）严格按规定浓度进行配制，固体消毒剂应充分溶解。

（三）配好的消毒液定时更换，一般每 4 小时更换一次。

（四）使用时定时测量消毒液浓度，浓度低于要求时应立即更换或适量补加消毒液。

（五）保证消毒时间，一般餐用具消毒应作用 5 分钟以上。或者按消毒剂产品使用说明操作。

（六）应使消毒物品完全浸没于消毒液中。

（七）餐用具消毒前应洗净，避免油垢影响消毒效果。

（八）消毒后以洁净水将消毒液冲洗干净，沥干或烘干。

（九）餐用具宜采用热力消毒。

附录四

关于印发餐饮服务食品采购索证索票管理规定的通知

国食药监食〔2011〕178号

各省、自治区、直辖市及新疆生产建设兵团食品药品监督管理局，北京市卫生局、福建省卫生厅：

为规范餐饮服务食品采购索证索票行为，依据《中华人民共和国食品安全法》、《中华人民共和国食品安全法实施条例》、《餐饮服务食品安全监督管理办法》，在认真总结《餐饮业食品索证管理规定》（卫监督发〔2007〕274号）实施情况的基础上，国家食品药品监督管理局制定了《餐饮服务食品采购索证索票管理规定》。现予印发，请遵照执行。

国家食品药品监督管理局

二〇一一年四月十八日

餐饮服务食品采购索证索票管理规定

第一条 为规范餐饮服务提供者食品（含原料）、食品添加剂及食品相关产品采购索证索票、进货查验和采购记录行为，落实餐饮服务食品安全主体责任，保障公众饮食安全，根据《中华人民共和国食品安全法》、《中华人民共和国食品安全法实施条例》、《餐饮服务食品安全监督管理办法》等法律、法规及规章，制定本规定。

第二条 餐饮服务提供者采购食品、食品添加剂及食品相关产品，应当遵守本规定。

第三条 食品药品监督管理部门负责对餐饮服务提供者食品、食品添加剂及食品相关产品采购索证索票、进货查验、采购记录行为进行监督。

第四条 鼓励餐饮服务提供者采用先进的索证索票方式。支持和鼓励餐饮行业协会加强行业自律，引导餐饮服务提供者依法规范食品、食品添加剂及食品相关产品采购索证索票、进货查验和采购记录行为。

第五条 餐饮服务提供者应当建立并落实食品、食品添加剂及食品相关产品采购索证索票、进货查验和采购记录制度，保障食品安全。

餐饮服务提供者不得采购没有相关许可证、营业执照、产品合格证明文件、动物产品检疫合格证明等证明材料的食品、食品添加剂及食品相关产品。

第六条 餐饮服务提供者应当指定经培训合格的专（兼）职人员负责食品、食品添加剂及食品相关产品采购索证索票、进货查验和采购记录。

专（兼）职人员应当掌握餐饮服务食品安全法律知识、餐饮服务食品安全基本知识以及食品感官鉴别常识。

第七条 餐饮服务提供者采购食品、食品添加剂及食品相关产品，应当到证照齐全的食品生产经营单位或批发市场采购，并应当索取、留存有供货方盖章（或签字）的购物凭证。购物凭证应当包括供货方名称、产品名称、产品数量、送货或购买日期等内容。

长期定点采购的，餐饮服务提供者应当与供应商签订包括保证食品安全内容的采购供应合同。

第八条 从生产加工单位或生产基地直接采购时，应当查验、索取并留存加盖有供货方公章的许可证、营业执照和产品合格证明文件复印件；留存盖有供货方公章（或签字）的每笔购物凭证或每笔送货单。

第九条 从流通经营单位（商场、超市、批发零售市场等）批量或长期采购时，应当查验并留存加盖有公章的营业执照和食品流通许可证等复印件；留存盖有供货方公章（或签字）的每笔购物凭证或每笔送货单。

第十条 从流通经营单位（商场、超市、批发零售市场等）少量或临时采购时，应当确认其是否有营业执照和食品流通许可证，留存盖有供货方公章（或签字）的每笔购物凭证或每笔送货单。

第十一条 从农贸市场采购的，应当索取并留存市场管理部门或经营户出具的加盖公章（或签字）的购物凭证；从个体工商户采购的，应当查验并留存供应者盖章（或签字）的许可证、营业执照或复印件、购物凭证和每笔供应清单。

第十二条 从食品流通经营单位（商场、超市、批发零售市场等）和农贸市场采购畜禽肉类的，应当查验动物产品检疫合格证明原件；从屠宰企业直接采购的，应当索取并留存供货方盖章（或签字）的许可证、营业执照复印件和动物产品检疫合格证明原件。

第十三条 实行统一配送经营方式的，可以由餐饮服务企业总部统一查验、索取并留存供货方盖章（或签字）的许可证、营业执照、产品合格证明文件，建立采购记录；各门店应当建立并留存日常采购记录；门店自行采购的产品，应当严格落实索证索票、进货查验和采购记录制度。

第十四条 采购乳制品的，应当查验、索取并留存供货方盖章（或签字）的许可证、营业执照、产品合格证明文件复印件。

第十五条 批量采购进口食品、食品添加剂的，应当索取口岸进口食品法定检验机构出具的与所购食品、食品添加剂相同批次的食品检验合格证明的复印件。

第十六条 采购集中消毒企业供应的餐饮具的，应当查验、索取并留存集中消毒企业盖章（或签字）的营业执照复印件、盖章的批次出厂检验报告（或复印件）。

第十七条 食品、食品添加剂及食品相关产品采购入库前，餐饮服务提供者应当查验所购产品外包装、包装标识是否符合规定，与购物凭证是否相符，并建立采购记录。鼓励餐饮服务提供者建立电子记录。

采购记录应当如实记录产品的名称、规格、数量、生产批号、保质期、供应单位名称及联系方式、进货日期等。

从固定供应基地或供应商采购的，应当留存每笔供应清单，前款信息齐全的，可不再重新登记记录。

第十八条 餐饮服务提供者应当按产品类别或供应商、进货时间顺序整理、妥善保管索取的相关证照、产品合格证明文件和进货记录，不得涂改、伪造，其保存期限不得少于2年。

第十九条 各级食品药品监督管理部门应当加强对餐饮服务提供者索证索票、进货查验和采购记录落实情况的监督检查。

违反食品、食品添加剂和食品相关产品采购索证索票、进货查验和采购记录制度的，由食品药品监督管理部门根据《食品安全法》第八十七条第（二）、（五）款进行查处。

第二十条 本规定由国家食品药品监督管理局负责解释。

第二十一条 省、自治区和直辖市食品药品监督管理部门可结合本地情况制定实施细则。

第二十二条 本规定自2011年8月1日起施行。

附录五

卫生部关于印发《重大活动食品卫生监督规范》的通知

卫监督发〔2006〕56号

各省、自治区、直辖市卫生厅局，新疆生产建设兵团卫生局，卫生部卫生监督中心：

为规范重大活动食品卫生监督工作，防止食品污染和有害因素对人体健康的危害，保障食品卫生安全，我部组织制定了《重大活动食品卫生监督规范》。现印发给你们，请遵照执行。

二〇〇六年二月十三日

重大活动食品卫生监督规范

第一章　总　　则

第一条　为规范重大活动食品卫生监督工作，防止食品污染和有害因素对人体健康的危害，保障食品卫生安全，依据《中华人民共和国食品卫生法》、《突发公共卫生事件应急条例》、《餐饮业食品卫生管理办法》等法律法规制定本规范。

第二条　本规范适用于省级以上人民政府要求卫生行政部门对具有特定规模的政治、经济、文化、体育及其他重大社会活动（以下简称重大活动）实施的专项食品卫生监督工作。

第三条　重大活动食品卫生监督，坚持预防为主、属地管理、分级监督的原则。

第四条　重大活动食品卫生监督分为全程卫生监督和重点卫生

监督两种方式。卫生行政部门依据重大活动具体内容，确定实施重大活动食品卫生监督的方式。

第五条 重大活动的主办单位应当对重大活动食品卫生安全负责，主办单位与接待单位应按照本规范的要求，配合卫生行政部门做好重大活动食品卫生监督工作。

第二章 工作程序与内容

第六条 重大活动主办单位应于活动举办前二十日将以下相关信息及资料，通报省级卫生行政部门登记备案：

（一）重大活动名称、举办时间、举办地点、参加人数；

（二）主办单位名称、联系人、通讯方式；

（三）接待单位名称、数量、地址、联系人及通信方式；

（四）参与活动人员驻地分布和餐饮、住宿情况；

（五）供餐单位、供餐形式、供餐地点及重要宴会、旅游活动、重大活动期间指定或赞助食品等相关情况。

第七条 省级卫生行政部门应根据重大活动相关信息及资料，开展以下工作：

（一）制定重大活动食品卫生监督工作预案，主要内容包括组织领导、工作任务、职责分工、监督监测计划及经费预算；

（二）制定重大活动食品污染及食物中毒事件应急处理预案；

（三）对接待单位开展食品卫生监督监测和食品卫生状况评估；

（四）做好卫生监督人员、物资、车辆、通信等后勤保障工作。

第八条 省级卫生行政部门应当将重大活动食品卫生监督工作预案、重大活动食品污染及食物中毒事件应急处理预案报同级人民政府并通知重大活动主办单位。

第九条 重大活动接待单位必须具备下列基本条件：

（一）持有效的食品卫生许可证；

（二）具备与重大活动供餐人数、规模相适应的接待服务能力；

（三）食品卫生监督量化分级管理达到A级标准（或具备与A级标准相当的卫生条件）；

（四）食品从业人员持有效健康检查证明，健康档案记录完备；

（五）食品及原料供应渠道符合卫生要求，相关证件资料完备；

（六）生活饮用水水质符合国家生活饮用水卫生标准；

（七）省级卫生行政部门根据重大活动情况提出的其他条件。

第十条　卫生行政部门对接待单位进行食品卫生监督评估应包括以下内容：

（一）接待单位卫生管理组织、管理人员、卫生管理制度设立情况；

（二）食品生产经营场所布局设置、卫生设备设施运行情况；

（三）食品生产加工制作过程卫生监督检查情况；

（四）直接入口食品及食品工具、用具、容器卫生监测情况；

（五）食品从业人员身体健康检查证明及健康状况；

（六）接待单位存在的食品卫生隐患问题及卫生监督意见；

（七）省级卫生行政部门根据重大活动情况规定的其他内容。对接待单位食品卫生监督评估的方式包括卫生管理资料审查和现场食品卫生监督检查。

第十一条　卫生行政部门应在评估工作结束后三日内撰写《重大活动接待单位食品卫生监督评估报告》并送交活动主办单位、接待单位签收。接待单位应依照卫生监督意见内容进行整改，主办单位应当督促检查整改情况。

第十二条　重大活动全程食品卫生监督主要包括：

（一）审查食谱、食品采购、食品库房、从业人员健康、加工环境、加工程序、冷菜制作、餐具清洗消毒、备餐与供餐时间、食品中心温度、食品留样、自带食品和赞助食品等内容；

（二）卫生行政部门选派专职卫生监督人员进驻重大活动现场，对食品生产加工制作环节进行动态卫生监督，填写卫生监督笔录和卫生监督意见书；

（三）实施食品卫生计划监测和现场食品卫生快速监测。

第十三条 重大活动重点食品卫生监督主要包括：

（一）审查食谱、食品采购、从业人员健康、冷菜制作、餐具清洗消毒、食品留样等内容；

（二）根据重大活动规模、人数确定是否选派卫生监督人员进驻重大活动现场；

（三）对食品生产加工制作重点环节进行动态卫生监督，填写卫生监督笔录和卫生监督意见书，必要时进行食品卫生监测。

第十四条 有下列情形之一的食品，接待单位应停止使用：

（一）食谱审查认定可能引发食物中毒的食品；

（二）卫生检验可疑阳性的生活饮用水和食品；

（三）未能出示有效食品卫生许可证的直接入口食品；

（四）超过保质期限的食品、食品原料、半成品和成品；

（五）外购散装直接入口熟食制品；

（六）省级卫生行政部门为预防食物中毒而规定禁止食用的食品；

（七）国家、地方法律法规规定的其他禁止生产经营的食品。

第十五条 发生可疑食品污染、食物中毒等突发公共卫生事件时，重大活动接待单位应向所在地区卫生行政部门和重大活动主办单位报告并采取以下相应措施：

（一）配合医疗卫生机构抢救治疗病人；

（二）立即停止食品生产加工和供餐活动；

（三）保留造成或者可能导致食品污染、食物中毒的食品及其原料、工具、设备和现场；

（四）配合卫生行政部门现场调查取证，如实提供食品留样及相关证据和材料；

（五）依照卫生行政部门提出的卫生监督意见立即整改。卫生行

政部门应立即启动应急处理预案，组织对中毒人员进行救治，对可疑中毒或污染食物及有关工具、设备和现场采取临时控制措施，开展现场卫生学和流行病学调查及采取其他处置措施。

第三章　组织管理

第十六条　省级卫生行政部门根据重大活动食品卫生监督工作要求，负责组织落实重大活动食品卫生监督任务。主办单位应保障重大活动食品卫生监督监测所需的工作条件，提供相应工作支持。

第十七条　重大活动期间，卫生行政部门、活动主办单位、活动接待单位应建立有效的食品卫生监督信息沟通机制。

第十八条　省级卫生行政部门应将重大活动期间的食品卫生监督监测结果、食物中毒等突发公共卫生事件向同级人民政府报告，同时告知重大活动主办单位，涉及保密内容的应遵守有关规定。

第十九条　省级卫生行政部门应建立管辖区域内重大活动接待单位基础信息数据库，包括接待单位卫生资质、条件设施、安全标准、操作规范、卫生培训、实验室设置等内容。

第四章　附　　则

第二十条　省级以下卫生行政部门重大活动食品卫生监督参照本规范执行。

第二十一条　本规范由卫生部负责解释。

第二十二条　本规范自公布之日起实施。

附录六

食（饮）具消毒卫生标准

GB 14934—94

1　主题内容与适用范围

本标准规定了食（饮）具消毒的感官指标、理化指标、细菌指标、采样方法及卫生管理规范。

本标准适用于宾馆、饭店、餐厅、食堂等饮食企业的食（饮）具，也适用于个体摊点的食（饮）具。

2　引用标准

GB 4789.1～4789.28　食品卫生微生物学检验

GB 5749　生活饮用水卫生标准

GB 5750　生活饮用水标准检验法

3　感官指标

3.1　物理消毒（包括蒸汽、煮沸等热消毒）：食（饮）具必须表面光洁、无油渍、无水渍、无异味。

3.2　化学（药物）消毒：食（饮）具表面必须无泡沫、无洗消剂的味道，无不溶性附着物。

4　理化指标

采用化学消毒的食（饮）具，必须用洁净水清洗，消除残留的药物。用含氯洗消剂消毒的食（饮）具表面残留量，应符合表 1 的要求。

表 1

项　　目	指　　标
游离性余氯	0.3
烷基（苯）磺酸钠，mg/100 cm^2	0.1

5 细菌指标

采用物理或化学消毒的食（饮）具均必须达到表 2 的要求。

表 2

项　　目		指　　标
大肠菌群	发酵法（个/100 cm^2）	<3
	纸片法（个/50 cm^2）	不提检出
致 病 菌		不得检出

注：发酵法与纸片法任何一法的检验结果均可作为判定依据。

6 采样与检验方法

6.1 发酵法采样与检验

6.1.1 采样方法

食（饮）具抽检碗、盘、口杯，将 2.0 cm×2.5 cm（5 cm×2）灭菌滤纸片紧贴内面各 10 张（总面积 50 cm×2）、碟、匙、酒杯以每 5 件为 1 份，每件内面紧贴灭菌滤纸片各 2 张（总面积 50 cm×2/份），经 1 min，按序取置入 50 mL 灭菌盐水试管中，充分振荡后，制成原液。

筷：取每双的下段 12 cm 处约 50 cm×2（12 cm×2 cm×2 cm），置入 50 mL 灭菌盐水试管中，充分振荡 20 次，制成原液，

6.1.2 检验方法

按 GB 4789.1～4789.28 执行。

6.2 纸片法采样与检验

食（饮）具消毒采用专用的大肠菌群快速检验纸片。

6.2.1　采样方法

随机抽取消毒后准备使用的各类食具（碗、盘、杯等），取样量可根据大、中、小不同饮食行业，每次采样 6～10 件，每件贴纸片两张，每张纸片面积 25 cm×2，（5 cm×5 cm）用无菌生理盐水湿润大肠菌群检测用纸片后，立即贴于食具内侧表面，30 s 后取下，置于无菌塑料袋内。筷子以 5 只为一件样品，用毛细吸管吸取无菌生理盐水湿润纸片后，立即将筷子进口端（约 5 cm）抹拭纸片，每件样品抹拭两张，放入无菌塑料袋内。

6.2.2　检验方法

将已采样的纸片置 37 ℃培养 16～18 h，若纸片保持紫蓝色不变为大肠菌群阴性，纸片变黄并在黄色背景上呈现红色斑点或片状红晕为阳性。

6.3　洗消剂残留量采样与检验

6.3.1　采样方法

消毒食（饮）具碗、盘、碟、口杯、酒杯，用蒸馏水 100 mL 冲洗整个内表面，至少 2～3 次；匙（不包括匙柄）、筷下段置入 100 mL蒸馏水中，充分振荡 20 次，制成样液。立即取样测定余氯，余下样液装入 50 mL 试管中，做烷基（苯）磺酸钠含量测定。

采样同时计算被检食（饮）具的表面。

6.3.2　检验方法

按 GB 5750 执行。

7　食（饮）具消毒卫生管理规范

7.1　食（具）消毒设施的卫生要求

7.1.1　食（具）消毒间（室）必须建在清洁、卫生、水源充足，远离厕所，无有害气体、烟雾、灰沙和其他有毒有害品污染的地方。严格防止蚊、蝇、鼠及其他害虫的进入和隐匿。

7.1.2 食（具）洗涤、消毒、清洗池及容器应采用无毒、光滑、便于清洗、消毒、防腐蚀的材料。

7.1.3 消毒食（饮）具应有专门的存放拒，避免与其他杂物混放，并对存放柜定期进行消毒处理，保持其干燥，洁净。

7.1.4 有条件的单位和个体摊贩，应配备食（饮）具消毒设备，并严格按操作规程使用。

7.2 消毒方法与卫生要求

7.2.1 热力消毒包括煮沸、蒸汽、红外线消毒等。煮沸、蒸汽消毒保持 100 ℃作用 10 min；红外线消毒一般控制温度 120 ℃，作用 15～20 min；洗碗机消毒一般水温控制 85 ℃，冲洗消毒 40 s 以上。

7.2.2 用于食（饮）具消毒的洗消剂如含氯制剂，一般使用含有效氯 250 mg/L 的浓度，食（饮）具全部浸泡入液体中，作用 5 min 以上。

7.3 洗消剂、消毒器械卫生管理

7.3.1 食（饮）具洗消剂、消毒设备应符合国家有关卫生法规。

7.3.2 饮食企业所使用的食（饮）具无法进行煮沸或蒸汽消毒或在食品卫生监督机构指定情况下，方可用化学洗消剂进行洗涤和消毒。

7.3.3 食（饮）具洗消剂、消毒器械，必须由省、自治区、直辖市食品卫生监督机构报卫生部批准后，并注明可用于食品消毒字样，方可投产、销售、刊登广告。在国家尚未批准前，可在当地试产试销，并报卫生部备案。

7.3.4 使用洗消剂，应注意失效期，有条件的单位可定期测定其有效成分的含量，并应有专人负责保管。

7.4 食（饮）具消毒程序

7.4.1 食（饮）具根据不同的消毒方法，应按其规定的操作程序进行消毒、清洗。严格执行一洗、二清、三消毒、四保洁制度。

7.4.2 食（饮）具热力消毒一般按除渣→洗涤→清洗→消毒程序进行。

7.4.3 食（饮）具化学消毒，消毒后必须用洁净水清洗，消除残留的药物。一般按除渣→洗涤→消毒→清洗程序进行。

7.5 水质卫生要求

食（饮）具消毒用水必须符合 GB 5749 的规定。

7.6 个人卫生与健康要求

7.6.1 各饮食企业及个体摊点，应对从业人员进行卫生知识教育，组织学习《中华人民共和国食品卫生法》和本标准的有关规定。

7.6.2 食（饮）具洗涤、消毒员及有关人员，应勤洗澡、理发、剪指甲、洗衣服，工作时应穿戴白工作衣（白围裙）、帽，上班前，大、小便后，坚持洗手消毒。

7.6.3 消毒员应进行健康检查和预防注射。患有痢疾、伤寒、传染性肝炎等消化道传染病（包括带菌者）和活动性肺结核，化脓性或渗出性皮肤病者，不得从事此项工作。

7.7 消毒效果的要求

7.7.1 消毒后的食（饮）具必须用下列两种办法进行消毒效果的检验：

a. 指定生产的大肠菌群纸片；

b. 发酵法。

7.7.2 食品生产经营者或单位应进行自检，以保证每天所用食（饮）具的安全。地方食品卫生监督机构进行有偿的技术指导和服务。每周至少协助检验一次，每次 6～10 件样品。

7.7.3 地方食品卫生监督机构应进行经常性食品卫生监督，每月至少一次，每次取样 6～10 件。可与 7.7.2 同时进行或单独进行。

附件 A

个体摊点食（饮）具消毒卫生要求

（补充件）

A1　为贯彻预防为主的方针，切实执行《中华人民共和国食品卫生法》和本标准，加强对个体摊点食（饮）具消毒的卫生管理，保证消毒质量，保障人民身体健康，特提出本要求。

A2　凡从事饮食经营的个体商贩，在申请办理卫生许可证和营业执照，必须具备有专用的煮沸消毒炉具或洗消剂等。

A3　使用的各类食（饮）具必须消毒。采用煮沸消毒时，应煮沸持续 10 min。在无法进行热力消毒情况下，可采用化学消毒如含氯洗消剂，使用浓度应含有效氯 250 mg/L 食（饮）具应全部浸泡在液体中，作用 5 min 以上，并必须用洁净水清洗后，方可使用。

A4　个体摊点采用化学消毒时，必须使用经卫生部门批准，并指明可用于食品消毒的洗消剂产品。

A5　盛装食（饮）具消毒容器应采用无毒无害材料，并定期进行洗涤、消毒。

A6　消毒食（饮）具应放置专门的存放柜或其他清洁的容器中，一次存放时间一般不宜超过 1 d，若有污染情况应再行消毒。食（饮）具存放柜或容器应经常消毒，并注意保洁。

A7　对于一次性的食（饮）具，用后必须废弃，不得回收再用。

A8　个体摊点较集中的地方，各地可结合具体情况，采取集中式的消毒方法。

A9　由于食（饮）具消毒不严，造成疾病传染与流行，食品卫生监督机构依据《中华人民共和国食品卫生法》酌情给予处罚。

附件 B

本标准用词说明

（补充件）

B1 对本标准条文用词采用以下写法

B1.1 “必须”、“不得”表示很严格，非这样做不可的用词。

B1.2 “应”表示严格，在正常情况下应该这样做的用词。

B1.3 “一般”表示首先这样做，但在特殊情况下，允许有相应选择的用词。

B1.4 “洗消剂”系指食（饮）具消毒剂、洗涤消毒剂总的简称。

B1.5 “洁净水”指符合国家规定的城乡《生活饮用水卫生标准》的用水。

附加说明：

本标准由卫生部卫生监督司提出。

本标准由武汉市卫生防疫站、广东省食品卫生监督检验所、卫生部食品卫生监督检验

所负责起草。

本标准主要起草人李志刚、梁建生、定光丽、戴昌芳、周桂莲。

本标准由卫生部委托技术归口单位卫生部食品卫生监督检验所负责解释。

中华人民共和国卫生部 1994-01-24 批准　1994-08-01 实施

附录七

食品安全国家标准
预包装食品营养标签通则

1　范围

本标准适用于直接提供给消费者的预包装食品标签和非直接提供给消费者的预包装食品标签。

本标准不适用于为预包装食品在储藏运输过程中提供保护的食品储运包装标签、散装食品和现制现售食品的标识。

2　术语和定义

2.1　预包装食品

预先定量包装或者制作在包装材料和容器中的食品，包括预先定量包装以及预先定量制作在包装材料和容器中并且在一定量限范围内具有统一的质量或体积标识的食品。

2.2　食品标签

食品包装上的文字、图形、符号及一切说明物。

2.3　配料

在制造或加工食品时使用的，并存在（包括以改性的形式存在）于产品中的任何物质，包括食品添加剂。

2.4　生产日期（制造日期）

食品成为最终产品的日期，也包括包装或灌装日期，即将食品装入（灌入）包装物或容器中，形成最终销售单元的日期。

2.5　保质期

预包装食品在标签指明的贮存条件下，保持品质的期限。在此期限内，产品完全适于销售，并保持标签中不必说明或已经说明的特有品质。

2.6 规格

同一预包装内含有多件预包装食品时，对净含量和内含件数关系的表述。

2.7 主要展示版面

预包装食品包装物或包装容器上容易被观察到的版面。

3 基本要求

3.1 应符合法律、法规的规定，并符合相应食品安全标准的规定。

3.2 应清晰、醒目、持久，应使消费者购买时易于辨认和识读。

3.3 应通俗易懂、有科学依据，不得标示封建迷信、色情、贬低其他食品或违背营养科学常识的内容。

3.4 应真实、准确，不得以虚假、夸大、使消费者误解或欺骗性的文字、图形等方式介绍食品，也不得利用字号大小或色差误导消费者。

3.5 不应直接或以暗示性的语言、图形、符号，误导消费者将购买的食品或食品的某一性质与另一产品混淆。

3.6 不应标注或者暗示具有预防、治疗疾病作用的内容，非保健食品不得明示或者暗示具有保健作用。

3.7 不应与食品或者其包装物（容器）分离。

3.8 应使用规范的汉字（商标除外）。具有装饰作用的各种艺术字，应书写正确，易于辨认。

3.8.1 可以同时使用拼音或少数民族文字，拼音不得大于相应汉字。

3.8.2 可以同时使用外文，但应与中文有对应关系（商标、进口食品的制造者和地址、国外经销者的名称和地址、网址除外）。所有外

文不得大于相应的汉字（商标除外）。

3.9 预包装食品包装物或包装容器最大表面面积大于 35 cm^2 时（最大表面面积计算方法见附录 A），强制标示内容的文字、符号、数字的高度不得小于 1.8 mm。

3.10 一个销售单元的包装中含有不同品种、多个独立包装可单独销售的食品，每件独立包装的食品标识应当分别标注。

3.11 若外包装易于开启识别或透过外包装物能清晰地识别内包装物（容器）上的所有强制标示内容或部分强制标示内容，可不在外包装物上重复标示相应的内容；否则应在外包装物上按要求标示所有强制标示内容。

4 标示内容

4.1 直接向消费者提供的预包装食品标签标示内容

4.1.1 一般要求

直接向消费者提供的预包装食品标签标示应包括食品名称、配料表、净含量和规格、生产者和（或）经销者的名称、地址和联系方式、生产日期和保质期、贮存条件、食品生产许可证编号、产品标准代号及其他需要标示的内容。

4.1.2 食品名称

4.1.2.1 应在食品标签的醒目位置，清晰地标示反映食品真实属性的专用名称。

4.1.2.1.1 当国家标准、行业标准或地方标准中已规定了某食品的一个或几个名称时，应选用其中的一个，或等效的名称。

4.1.2.1.2 无国家标准、行业标准或地方标准规定的名称时，应使用不使消费者误解或混淆的常用名称或通俗名称。

4.1.2.2 标示“新创名称”、“奇特名称”、“音译名称”、“牌号名称”、“地区俚语名称”或“商标名称”时，应在所示名称的同一展示版面标示 4.1.2.1 规定的名称。

4.1.2.2.1 当“新创名称”、“奇特名称”、“音译名称”、“牌号名称”、“地区俚语名称”或“商标名称”含有易使人误解食品属性的文字或术语（词语）时，应在所示名称的同一展示版面邻近部位使用同一字号标示食品真实属性的专用名称。

4.1.2.2.2 当食品真实属性的专用名称因字号或字体颜色不同易使人误解食品属性时，也应使用同一字号及同一字体颜色标示食品真实属性的专用名称。

4.1.2.3 为不使消费者误解或混淆食品的真实属性、物理状态或制作方法，可以在食品名称前或食品名称后附加相应的词或短语。如干燥的、浓缩的、复原的、熏制的、油炸的、粉末的、粒状的等。

4.1.3 配料表

4.1.3.1 预包装食品的标签上应标示配料表，配料表中的各种配料应按 4.1.2 的要求标示具体名称，食品添加剂按照 4.1.3.1.4 的要求标示名称。

4.1.3.1.1 配料表应以“配料”或“配料表”为引导词。当加工过程中所用的原料已改变为其他成分（如酒、酱油、食醋等发酵产品）时，可用“原料”或“原料与辅料”代替“配料”、“配料表”，并按本标准相应条款的要求标示各种原料、辅料和食品添加剂。加工助剂不需要标示。

4.1.3.1.2 各种配料应按制造或加工食品时加入量的递减顺序一一排列；加入量不超过 2%的配料可以不按递减顺序排列。

4.1.3.1.3 如果某种配料是由两种或两种以上的其他配料构成的复合配料（不包括复合食品添加剂），应在配料表中标示复合配料的名称，随后将复合配料的原始配料在括号内按加入量的递减顺序标示。当某种复合配料已有国家标准、行业标准或地方标准，且其加入量小于食品总量的 25%时，不需要标示复合配料的原始配料。

4.1.3.1.4 食品添加剂应当标示其在 GB 2760 中的食品添加剂通用

名称。食品添加剂通用名称可以标示为食品添加剂的具体名称，也可标示为食品添加剂的功能类别名称并同时标示食品添加剂的具体名称或国际编码（INS号）（标示形式见附录B）。在同一预包装食品的标签上，应选择附录B中的一种形式标示食品添加剂。当采用同时标示食品添加剂的功能类别名称和国际编码的形式时，若某种食品添加剂尚不存在相应的国际编码，或因致敏物质标示需要，可以标示其具体名称。食品添加剂的名称不包括其制法。加入量小于食品总量25%的复合配料中含有的食品添加剂，若符合GB 2760规定的带入原则且在最终产品中不起工艺作用的，不需要标示。

4.1.3.1.5 在食品制造或加工过程中，加入的水应在配料表中标示。在加工过程中已挥发的水或其他挥发性配料不需要标示。

4.1.3.1.6 可食用的包装物也应在配料表中标示原始配料，国家另有法律法规规定的除外。

4.1.3.2 下列食品配料，可以选择按表1的方式标示。

表1 配料标示方式

配料类别	标示方式
各种植物油或精炼植物油，不包括橄榄油	“植物油”或“精炼植物油”；如经过氢化处理，应标示为“氢化”或“部分氢化”
各种淀粉，不包括化学改性淀粉	“淀粉”
加入量不超过2%的各种香辛料或香辛料浸出物（单一的或合计的）	“香辛料”、“香辛料类”或“复合香辛料”
胶基糖果的各种胶基物质制剂	“胶姆糖基础剂”、“胶基”
添加量不超过10%的各种果脯蜜饯水果	“蜜饯”、“果脯”
食用香精、香料	“食用香精”、“食用香料”、“食用香精香料”

4.1.4 配料的定量标示

4.1.4.1 如果在食品标签或食品说明书上特别强调添加了或含有一种或多种有价值、有特性的配料或成分，应标示所强调配料或成分的添加量或在成品中的含量。

4.1.4.2 如果在食品的标签上特别强调一种或多种配料或成分的含量较低或无时，应标示所强调配料或成分在成品中的含量。

4.1.4.3 食品名称中提及的某种配料或成分而未在标签上特别强调，不需要标示该种配料或成分的添加量或在成品中的含量。

4.1.5 净含量和规格

4.1.5.1 净含量的标示应由净含量、数字和法定计量单位组成（标示形式参见附录 C）。

4.1.5.2 应依据法定计量单位，按以下形式标示包装物（容器）中食品的净含量：

a）液态食品，用体积升（L）（l）、毫升（mL）（ml），或用质量克（g）、千克（kg）；

b）固态食品，用质量克（g）、千克（kg）；

c）半固态或黏性食品，用质量克（g）、千克（kg）或体积升（L）（l）、毫升（mL）（ml）。

4.1.5.3 净含量的计量单位应按表 2 标示。

表 2 净含量计量单位的标示方式

计量方式	净含量（Q）的范围	计量单位
体　积	Q＜1 000 mL Q≥1 000 mL	毫升（mL）（ml） 升（L）（l）
质　量	Q＜1 000 g Q≥1 000 g	克（g） 千克（kg）

4.1.5.4 净含量字符的最小高度应符合表 3 的规定。

表 3　净含量字符的最小高度

净含量（Q）的范围	字符的最小高度（mm）
Q≤50 mL；Q≤50 g	2
50 mL<Q≤200 mL；50 g<Q≤200 g	3
200 mL<Q≤1 L；200 g<Q≤1 kg	4
Q>1 kg；Q>1 L	6

4.1.5.5　净含量应与食品名称在包装物或容器的同一展示版面标示。

4.1.5.6　容器中含有固、液两相物质的食品，且固相物质为主要食品配料时，除标示净含量外，还应以质量或质量分数的形式标示沥干物（固形物）的含量（标示形式参见附录 C）。

4.1.5.7　同一预包装内含有多个单件预包装食品时，大包装在标示净含量的同时还应标示规格。

4.1.5.8　规格的标示应由单件预包装食品净含量和件数组成，或只标示件数，可不标示“规格”二字。单件预包装食品的规格即指净含量（标示形式参见附录 C）。

4.1.6　生产者、经销者的名称、地址和联系方式

4.1.6.1　应当标注生产者的名称、地址和联系方式。生产者名称和地址应当是依法登记注册、能够承担产品安全质量责任的生产者的名称、地址。有下列情形之一的，应按下列要求予以标示。

4.1.6.1.1　依法独立承担法律责任的集团公司、集团公司的子公司，应标示各自的名称和地址。

4.1.6.1.2　不能依法独立承担法律责任的集团公司的分公司或集团公司的生产基地，应标示集团公司和分公司（生产基地）的名称、地址；或仅标示集团公司的名称、地址及产地，产地应当按照行政区划标注到地市级地域。

4.1.6.1.3　受其他单位委托加工预包装食品的，应标示委托单位和受委托单位的名称和地址；或仅标示委托单位的名称和地址及产地，产地应当按照行政区划标注到地市级地域。

4.1.6.2 依法承担法律责任的生产者或经销者的联系方式应标示以下至少一项内容：电话、传真、网络联系方式等，或与地址一并标示的邮政地址。

4.1.6.3 进口预包装食品应标示原产国国名或地区区名（如香港、澳门、台湾），以及在中国依法登记注册的代理商、进口商或经销者的名称、地址和联系方式，可不标示生产者的名称、地址和联系方式。

4.1.7 日期标示

4.1.7.1 应清晰标示预包装食品的生产日期和保质期。如日期标示采用“见包装物某部位”的形式，应标示所在包装物的具体部位。日期标示不得另外加贴、补印或篡改（标示形式参见附录C）。

4.1.7.2 当同一预包装内含有多个标示了生产日期及保质期的单件预包装食品时，外包装上标示的保质期应按最早到期的单件食品的保质期计算。外包装上标示的生产日期应为最早生产的单件食品的生产日期，或外包装形成销售单元的日期；也可在外包装上分别标示各单件装食品的生产日期和保质期。

4.1.7.3 应按年、月、日的顺序标示日期，如果不按此顺序标示，应注明日期标示顺序（标示形式参见附录C）。

4.1.8 贮存条件

预包装食品标签应标示贮存条件（标示形式参见附录C）。

4.1.9 食品生产许可证编号

预包装食品标签应标示食品生产许可证编号的，标示形式按照相关规定执行。

4.1.10 产品标准代号

在国内生产并在国内销售的预包装食品（不包括进口预包装食品）应标示产品所执行的标准代号和顺序号。

4.1.11　其他标示内容

4.1.11.1　辐照食品

4.1.11.1.1　经电离辐射线或电离能量处理过的食品，应在食品名称附近标示“辐照食品”。

4.1.11.1.2　经电离辐射线或电离能量处理过的任何配料，应在配料表中标明。

4.1.11.2　转基因食品

转基因食品的标示应符合相关法律、法规的规定。

4.1.11.3　营养标签

4.1.11.3.1　特殊膳食类食品和专供婴幼儿的主辅类食品，应当标示主要营养成分及其含量，标示方式按照 GB 13432 执行。

4.1.11.3.2　其他预包装食品如需标示营养标签，标示方式参照相关法规标准执行。

4.1.11.4　质量（品质）等级

食品所执行的相应产品标准已明确规定质量（品质）等级的，应标示质量（品质）等级。

4.2　非直接提供给消费者的预包装食品标签标示内容

非直接提供给消费者的预包装食品标签应按照 4.1 项下的相应要求标示食品名称、规格、净含量、生产日期、保质期和贮存条件，其他内容如未在标签上标注，则应在说明书或合同中注明。

4.3　标示内容的豁免

4.3.1　下列预包装食品可以免除标示保质期：酒精度大于等于 10% 的饮料酒；食醋；食用盐；固态食糖类；味精。

4.3.2　当预包装食品包装物或包装容器的最大表面面积小于 10 cm^2 时（最大表面面积计算方法见附录 A），可以只标示产品名称、净含量、生产者（或经销商）的名称和地址。

4.4　推荐标示内容

4.4.1　批号

根据产品需要，可以标示产品的批号。

4.4.2　食用方法

根据产品需要，可以标示容器的开启方法、食用方法、烹调方法、复水再制方法等对消费者有帮助的说明。

4.4.3　致敏物质

4.4.3.1　以下食品及其制品可能导致过敏反应，如果用作配料，宜在配料表中使用易辨识的名称，或在配料表邻近位置加以提示：

a）含有麸质的谷物及其制品（如小麦、黑麦、大麦、燕麦、斯佩耳特小麦或它们的杂交品系）；

b）甲壳纲类动物及其制品（如虾、龙虾、蟹等）；

c）鱼类及其制品；

d）蛋类及其制品；

e）花生及其制品；

f）大豆及其制品；

g）乳及乳制品（包括乳糖）；

h）坚果及其果仁类制品。

4.4.3.2　如加工过程中可能带入上述食品或其制品，宜在配料表临近位置加以提示。

5　其他

按国家相关规定需要特殊审批的食品，其标签标识按照相关规定执行。

附件 A

包装物或包装容器最大表面面积计算方法

A.1　长方体形包装物或长方体形包装容器计算方法

长方体形包装物或长方体形包装容器的最大一个侧面的高度（cm）乘以宽度（cm）。

A.2　圆柱形包装物、圆柱形包装容器或近似圆柱形包装物、近似圆柱形包装容器计算方法

包装物或包装容器的高度（cm）乘以圆周长（cm）的 40%。

A.3　其他形状的包装物或包装容器计算方法

包装物或包装容器的总表面积的 40%。

如果包装物或包装容器有明显的主要展示版面，应以主要展示版面的面积为最大表面面积。

包装袋等计算表面面积时应除去封边所占尺寸。瓶形或罐形包装计算表面面积时不包括肩部、颈部、顶部和底部的凸缘。

附件 B

食品添加剂在配料表中的标示形式

B.1　按照加入量的递减顺序全部标示食品添加剂的具体名称

配料：水，全脂奶粉，稀奶油，植物油，巧克力（可可液块，白砂糖，可可脂，磷脂，聚甘油蓖麻醇酯，食用香精，柠檬黄），葡萄糖浆，丙二醇脂肪酸酯，卡拉胶，瓜尔胶，胭脂树橙，麦芽糊精，食用香料。

B.2　按照加入量的递减顺序全部标示食品添加剂的功能类别名称及国际编码

配料：水，全脂奶粉，稀奶油，植物油，巧克力（可可液块，白砂糖，可可脂，乳化剂（322，476），食用香精，着色剂（102）），葡萄糖浆，乳化剂（477），增稠剂（407，412），着色剂（160b），麦芽糊精，食用香料。

B.3　按照加入量的递减顺序全部标示食品添加剂的功能类别名称及具体名称

配料：水，全脂奶粉，稀奶油，植物油，巧克力（可可液块，白砂糖，可可脂，乳化剂（磷脂，聚甘油蓖麻醇酯），食用香精，着色剂（柠檬黄）），葡萄糖浆，乳化剂（丙二醇脂肪酸酯），增稠剂（卡拉胶，瓜尔胶），着色剂（胭脂树橙），麦芽糊精，食用香料。

B.4　建立食品添加剂项一并标示的形式

B.4.1　一般原则

直接使用的食品添加剂应在食品添加剂项中标注。营养强化剂、食用香精香料、胶基糖果中基础剂物质可在配料表的食品添加剂项外标注。非直接使用的食品添加剂不在食品添加剂项中标注。食品添加剂项在配料表中的标注顺序由需纳入该项的各种食品添加剂的总重量决定。

B.4.2 全部标示食品添加剂的具体名称

配料：水，全脂奶粉，稀奶油，植物油，巧克力（可可液块，白砂糖，可可脂，磷脂，聚甘油蓖麻醇酯，食用香精，柠檬黄），葡萄糖浆，食品添加剂（丙二醇脂肪酸酯，卡拉胶，瓜尔胶，胭脂树橙），麦芽糊精，食用香料。

B.4.3 全部标示食品添加剂的功能类别名称及国际编码

配料：水，全脂奶粉，稀奶油，植物油，巧克力（可可液块，白砂糖，可可脂，乳化剂（322，476），食用香精，着色剂（102）），葡萄糖浆，食品添加剂（乳化剂（477），增稠剂（407，412），着色剂（160b）），麦芽糊精，食用香料。

B.4.4 全部标示食品添加剂的功能类别名称及具体名称

配料：水，全脂奶粉，稀奶油，植物油，巧克力（可可液块，白砂糖，可可脂，乳化剂（磷脂，聚甘油蓖麻醇酯），食用香精，着色剂（柠檬黄）），葡萄糖浆，食品添加剂（乳化剂（丙二醇脂肪酸酯），增稠剂（卡拉胶，瓜尔胶），着色剂（胭脂树橙）），麦芽糊精，食用香料。

附件 C

部分标签项目的推荐标示形式

C.1 概述

本附录以示例形式提供了预包装食品部分标签项目的推荐标示形式，标示相应项目时可选用但不限于这些形式。如需要根据食品特性或包装特点等对推荐形式调整使用的，应与推荐形式基本涵义保持一致。

C.2 净含量和规格的标示

为方便表述，净含量的示例统一使用质量为计量方式，使用冒号为分隔符。标签上应使用实际产品适用的计量单位，并可根据实际情况选择空格或其他符号作为分隔符，便于识读。

C.2.1 单件预包装食品的净含量（规格）可以有如下标示形式：

净含量（或净含量/规格）：450g；

净含量（或净含量/规格）：225 克（200 克＋送 25 克）；

净含量（或净含量/规格）：200 克＋赠 25 克；

净含量（或净含量/规格）：(200＋25) 克。

C.2.2 净含量和沥干物（固形物）可以有如下标示形式（以“糖水梨罐头”为例）：

净含量（或净含量/规格）：425 克沥干物（或固形物或梨块）：不低于 255 克（或不低于 60%）。

C.2.3 同一预包装内含有多件同种类的预包装食品时，净含量和规格均可以有如下标示形式：

净含量（或净含量/规格）：40 克×5；

净含量（或净含量/规格）：5×40 克；

净含量（或净含量/规格）：200 克（5×40 克）；

净含量（或净含量/规格）：200 克（40 克×5）；

净含量（或净含量/规格）：200 克（5 件）；

净含量：200 克规格：5×40 克；

净含量：200 克规格：40 克×5；

净含量：200 克规格：5 件；

净含量（或净含量/规格）：200 克（100 克+50 克×2）；

净含量（或净含量/规格）：200 克（80 克×2+40 克）；

净含量：200 克规格：100 克+50 克×2；

净含量：200 克规格：80 克×2+40 克。

C.2.4　同一预包装内含有多件不同种类的预包装食品时，净含量和规格可以有如下标示形式：

净含量（或净含量/规格）：200 克（A 产品 40 克×3，B 产品 40 克×2）；

净含量（或净含量/规格）：200 克（40 克×3，40 克×2）；

净含量（或净含量/规格）：100 克 A 产品，50 克×2B 产品，50 克C 产品；

净含量（或净含量/规格）：A 产品：100 克，B 产品：50 克×2，C 产品：50 克；

净含量/规格：100 克（A 产品），50 克×2（B产品），50 克（C 产品）；

净含量/规格：A 产品 100 克，B 产品 50 克×2，C 产品 50 克。

C.3　日期的标示

日期中年、月、日可用空格、斜线、连字符、句点等符号分隔，或不用分隔符。年代号一般应标示 4 位数字，小包装食品也可以标示 2 位数字。月、日应标示 2 位数字。

日期的标示可以有如下形式：

2010 年 3 月 20 日；

2010 03 20；2010/03/20；20100320；

20 日 3 月 2010 年；3 月 20 日 2010 年；

（月/日/年）：03 20 2010；03/20/2010；03202010。

C.4 保质期的标示

保质期可以有如下标示形式：

最好在……之前食（饮）用；……之前食（饮）用最佳；……之前最佳；

此日期前最佳……；此日期前食（饮）用最佳……；

保质期（至）……；保质期××个月（或××日，或××天，或××周，或×年）。

C.5 贮存条件的标示

贮存条件可以标示“贮存条件”、“贮藏条件”、“贮藏方法”等标题，或不标示标题。

贮存条件可以有如下标示形式：

常温（或冷冻，或冷藏，或避光，或阴凉干燥处）保存；

××—×× ℃保存；

请置于阴凉干燥处；

常温保存，开封后需冷藏；

温度：≤×× ℃，湿度：≤××%。

附录八

铁路运营食品安全管理办法

第一条 为了保障公众身体健康，加强铁路运营食品安全管理，依据《中华人民共和国食品安全法》（以下简称《食品安全法》）第一百零二条规定，制定本办法。

第二条 国家实行铁路运营食品安全统一综合监督制度。国务院卫生行政、工商行政管理、食品药品监督管理部门会同铁路主管部门共同建立铁路运营食品安全监督协调机制，具体工作由铁路食品安全监督机构承担。

第三条 本办法适用于铁路运营中食品经营活动的食品安全监督管理。

铁路运营食品经营指铁路站车和铁路运营站段范围内的餐饮服务、食品流通、食品运输等活动。

铁路运营中的食品流通、餐饮服务经营者，应当经铁路食品安全监督机构许可后，凭许可文件证件到工商行政管理部门登记。

第四条 铁路食品安全监督机构按照食品安全法律、行政法规、部门规章以及有关标准、要求、规范对铁路运营中的食品流通、餐饮服务等进行许可和监管，采取《食品安全法》第七十七条规定的措施，对铁路运营中的食品经营者违反《食品安全法》规定的行为进行行政处罚。

第五条 铁路运营中的食品经营者应当符合食品安全法律法规和铁路运营安全管理要求，建立食品安全管理制度，不得从事禁止生产经营食品的经营活动。

铁路餐车使用餐料应当保持清洁，即时加工，隔餐食品必须冷藏。站车内供应的自制食品应当实行检测备案制度。专供旅客列车的配送食品应当符合保质时间和温度控制等食品安全要求。

第六条 食品运输车辆应当安全无害，保持清洁，标有清洗合格标识，防止食品污染。禁止承运不符合食品安全标准的食品，禁止食品与有毒有害物品混放、混装、混运。

食品运输经营者发现可能受污染的食品，应当及时采取控制措施，并及时报告铁路食品安全监督机构。

第七条 铁路食品安全监督机构应当制定食品安全事故应急预案，做好食品安全事故的应急处置工作。

第八条 铁路食品安全监督机构在日常监督管理中发现食品安全事故，或者接到有关食品安全事故的举报、报告，应当立即核实情况，经初步核实为食品安全事故的，要及时作出反应，采取措施控制事态发展，依法处置，并及时按照有关规定报告国务院铁路主管部门和通报地方卫生行政部门。

第九条 铁路运营中的食品经营者应当制定食品安全事故处置方案，定期检查各项食品安全防范措施落实情况。发生食品安全事故时，应当立即封存导致或者可能导致食品安全事故的食品及其原料、工具及用具、设备设施，在2小时内向铁路食品安全监督机构报告并按照要求采取控制措施，配合事故调查处理，提供相关资料和样品。

第十条 铁路食品安全监督机构负责管理铁路运营食品安全监督信息，定期向卫生行政、工商行政管理、出入境检验检疫、食品药品监督管理部门通报铁路运营食品安全情况。

第十一条 有关法律法规对国境口岸及出入境列车的食品安全监督管理另有规定的，应当按照有关法律法规执行。

第十二条 本办法涉及的铁路运营食品经营活动包括国家、地方和合资铁路，以及铁路专用线、专用铁路、临管线和铁路多种经营企业。

铁路站车范围指铁路车站主体站房前风雨棚以内、候车室、站台等站内区域和铁路客货运列车。

铁路运营站段范围指与运输有关的机务、车务、工务、电务、车辆、行车公寓（招待所）、配餐基地等铁路所属站段（单位）围护设施结构以内的地域。

在铁路运营站段范围内专供铁路站车使用的食品的配餐生产，属于铁路运营食品餐饮管理范畴，由铁路食品安全监督机构负责监管。

第十三条　本办法由国务院卫生行政部门会同铁路主管部门、工商行政管理、出入境检验检疫、食品药品监督管理部门负责解释。

第十四条　本办法自发布之日起施行。

附件：铁路食品安全监督机构名单

铁路食品安全监督机构名单

1. 哈尔滨铁路食品安全监督管理办公室
2. 沈阳铁路食品安全监督管理办公室
3. 北京铁路食品安全监督管理办公室
4. 太原铁路食品安全监督管理办公室
5. 呼和浩特铁路食品安全监督管理办公室
6. 郑州铁路食品安全监督管理办公室
7. 武汉铁路食品安全监督管理办公室
8. 西安铁路食品安全监督管理办公室
9. 济南铁路食品安全监督管理办公室
10. 上海铁路食品安全监督管理办公室
11. 南昌铁路食品安全监督管理办公室
12. 广州铁路食品安全监督管理办公室
13. 南宁铁路食品安全监督管理办公室
14. 成都铁路食品安全监督管理办公室

15. 昆明铁路食品安全监督管理办公室
16. 兰州铁路食品安全监督管理办公室
17. 乌鲁木齐铁路食品安全监督管理办公室
18. 青藏铁路食品安全监督管理办公室

卫生部办公厅

2010 年 9 月 8 日印发

附录九

动车组列车食品安全管理办法

第一条 为贯彻落实《中华人民共和国食品安全法》、《中华人民共和国食品安全法实施条例》、《铁路运营食品安全管理办法》，加强动车组列车食品安全管理，保障广大旅客和铁路职工身体健康，制定本办法。

第二条 本办法适用于动车组列车食品生产经营活动。

动车组列车食品生产经营单位应当自觉遵守国家食品安全法律、法规和食品安全标准规范，建立食品安全责任制度，落实食品安全第一责任人，设置专（兼）职食品安全管理员，建立食品安全自检制度，采用先进技术设备，保证食品质量安全。

第三条 铁道部负责组织动车组列车食品安全监督管理。铁路运输企业负责组织动车组列车食品经营管理工作。

铁路食品安全监督管理办公室负责区域内的动车组列车食品安全监督工作，铁路卫生监督所承担具体监督任务。铁路疾病预防控制机构（或铁路食品检验检测机构）负责动车组列车食品卫生学检测评价工作。

第四条 动车组列车食品经营者、专供动车组列车的铁路运输企业食品配餐生产者，应按《铁路餐饮服务和食品流通许可管理办法》，向辖区铁路食品安全监督管理办公室申办食品餐饮或流通许可证。

第五条 动车组列车食品经营推行配送食品统一查验制度。采购食品前，动车组列车食品经营者应索取食品供货者相关资料，向铁路运输企业申请食品安全查验审核。对审核达到食品安全供货要求的，方可建立供货关系。

铁路运输企业应规范食品查验审核工作程序，对达到食品安全要求的食品供货者，提出审核意见，定期公布动车组列车食品供货者及其食品查验审核合格名册，并报铁道部卫生、运输、多经部门备案。对达不到食品安全供货要求的，铁路运输企业应通知有关单位停止采购。

第六条 动车组列车食品供货者应符合以下食品安全供货要求：

1. 取得合法经营资质和食品生产（或餐饮、流通）许可证，达到与生产经营食品种类、数量相适应的设施设备条件；

2. 通过良好生产规范、危害分析与关键控制点体系认证；

3. 具有现场生产环境检测、食品安全检测合格报告；

4. 对快餐盒饭等食品，应有铁路食品检验检测机构风险评估或卫生学评价合格报告。具有食品安全监督机构符合食品安全信用报告。

第七条 动车组列车食品供货者应实行专库（位）管理，定期检查库存食品，及时清理变质或超过保质期食品。

专供动车组列车冷（热）藏快餐盒饭生产者食品加工布局和工艺流程合理，加工环境达到铁路运营食品安全洁净要求。配有专用冷（热）藏食品设施，设有温度控制显示计，食品贮运温度符合冷（热）藏控制要求。

第八条 要建立食品供货商管理档案，做到一户一档。掌握供货商资质证明、联系方式、产品种类、购销记录、产品检验合格证明、食品安全检查记录、旅客投诉和行政处罚情况等信息。供货商管理档案资料应至少保存二年。

第九条 食品采购时，动车组列车食品经营者要索取食品供货者批次食品检验合格报告。食品进货时，要查验食品的感官性状和包装标签，如实记录食品的名称、规格、数量、生产批号、保质期、供货者名称及联系方式、进货日期等内容。食品进货查验记录保存

期限不得少于二年。

第十条 动车组列车食品配送单位应具备与配送食品相适应的运输装卸条件，配有符合冷（热）藏温度控制要求的食品转运车辆、容器。

运输和装卸食品的容器、工具和设备应当安全、无害，保持清洁，防止食品污染。每次配送前应对车辆、容器进行清洗消毒。运输装卸过程做到食品不落地，不与非食品混装混运。

第十一条 动车组列车食品经营者应达到如下要求：

1. 为旅客提供餐饮服务的动车组应建立食品经营操作规程，配备必要的食品冷（热）贮藏、加热、清洗、餐（饮）具消毒、保洁等设施设备，并做到安全无害、清洁卫生、性能达标。

2. 预包装食品（包括使用的原料、食品添加剂和常温快餐预包装食品）应达到食品安全标准要求，包装标签符合《中华人民共和国食品安全法》第四十二条规定。

3. 一次性餐饮具必须符合食品安全标准要求和《一次性可降解餐饮具通用技术条件》（GB18006. 1—1999）标准，达到环保要求；餐饮具必须洗净消毒，符合《食（饮）具消毒卫生标准》（GB14934. 1—94）。

4. 经营冷（热）藏快餐食品的，应严格执行"四控一规范"制度（控制生产日期、保存时间、保藏温度、剩余食品，规范管理食品经营活动），生产、保质时间应标注年、月、日、时、分，超过保质期的快餐食品不得销售。

经营冷藏快餐盒饭的，冷藏温度持续不高于 10 ℃，保存时间不超过 24 小时；供餐前应经充分加热，加热后食品中心温度应不低于 70 ℃。

经营热藏快餐盒饭的，热藏温度持续不低于 60 ℃，2 小时内中心温度应持续不低于 60 ℃，保存时间不超过 4 小时。无温控存放条件的，存放时间不得超过 2 小时。

冷（热）藏快餐产品卫生指标应达到铁路运营食品安全要求。

5. 食品经营环境整洁。食品、餐饮具等用品应定位存放，避免生熟混放、混用。垃圾污染物应密闭存放，防止食品污染。

第十二条 经营过程中，发现食品感官性状异常、包装破损不洁、包装标签不符合要求或不清楚，以及其他不符合食品安全标准或者要求的食品时，应立即停止经营该食品。

第十三条 对国家、地方或铁路食品安全监督机构公布的不符合食品安全标准要求或存在食品安全隐患的食品，动车组列车食品经营单位应立即停止经营。

应当召回的，动车组列车食品的生产者应按《中华人民共和国食品安全法》第五十三条规定处理，并将食品召回和处理情况，向供货区域的铁路食品安全监督管理办公室报告。

第十四条 动车组列车食品经营单位应当制定食品安全事故应急处置方案。发生食品安全事故时，应立即封闭经营场所和封存经营食品，组织救治患者，并及时报告前方停靠车站、主管部门和铁路食品安全监督机构，协助做好调查处理工作。

第十五条 铁路食品安全监督机构要组织日常监督检查，掌握动车组列车食品供货、配送和经营者食品生产经营条件、加工工艺和食品安全情况，开展冷（热）藏转运、储藏设备和食品中心温度的动态连续检测，检查出入库、中途运行动车组列车食品安全情况。

要定期组织食品抽样，并委托铁路食品检验检测机构进行检测。组织开展食品安全风险评估，提出食品安全风险警示，及时公布食品安全信息。

第十六条 铁路食品安全监督机构应在动车组列车醒目位置公示食品安全投诉举报电话，及时受理旅客食品安全投诉事件，并采取调查处理措施。要建立食品生产经营者食品安全信用制度，对出现食品安全事故、监督检查和食品检测不合格、有旅客投诉等不良信用记录的，增加监督检查频次。

第十七条　对出现食品安全事故的，铁路食品安全监督机构要采取食品控制措施，组织开展调查处理，并及时报告铁道部应急管理、卫生等相关部门。

第十八条　铁路食品安全监督机构要加强监督管理，对违反食品安全行为的，依据《中华人民共和国食品安全法》等相关法律法规处理。

第十九条　本办法由铁道部劳动和卫生司负责解释。

第二十条　本办法自 2011 年 8 月 1 日起施行。

参 考 文 献

[1] 王学政．中华人民共和国食品安全法实施条例释义及热点案例分析［M］．北京：中国商业出版社，2009.

[2] 廉国，陈宁，付素明．铁路餐饮食品安全管理手册［M］．北京：中国铁道出版社，2013.

[3] 方小衡，高永清．食品卫生知识培训手册［M］．广州：广东高等教育出版社，2007.

[4] 张妍，姜淑荣．食品卫生与安全［M］．北京：化学工业出版社，2010.

[5] 曾庆祝，吴克刚，黄河［M］．食品安全与卫生．北京：中国质检出版社，2012.